本研究得到福建工程学院科研启动项目（GY-S20056）的资助

Research on
the Atmospheric Enviornmental Efficiency of
Chinese Industry

中国工业
大气环境效率研究

蔡婉华　著

厦门大学出版社　国家一级出版社
XIAMEN UNIVERSITY PRESS　全国百佳图书出版单位

图书在版编目(CIP)数据

中国工业大气环境效率研究/蔡婉华著.—厦门:厦门大学出版社,2021.12
ISBN 978-7-5615-8410-1

Ⅰ.①中… Ⅱ.①蔡… Ⅲ.①工业—影响—大气环境—研究—中国 Ⅳ.①X16

中国版本图书馆 CIP 数据核字(2021)第 237615 号

出 版 人	郑文礼
责任编辑	江珏玙
美术编辑	李嘉彬
技术编辑	许克华

出版发行 厦门大学出版社

社 址	厦门市软件园二期望海路 39 号
邮政编码	361008
总 机	0592-2181111 0592-2181406(传真)
营销中心	0592-2184458 0592-2181365
网 址	http://www.xmupress.com
邮 箱	xmup@xmupress.com
印 刷	厦门兴立通印刷设计有限公司

开本	720 mm×1 020 mm 1/16
印张	13.75
插页	2
字数	220 千字
版次	2021 年 12 月第 1 版
印次	2021 年 12 月第 1 次印刷
定价	52.00 元

本书如有印装质量问题请直接寄承印厂调换

厦门大学出版社
微信二维码

厦门大学出版社
微博二维码

前　言

在中国,工业产业在创造了巨大物质财富的同时,也排放了大量的大气污染物,严重影响了居民生活质量,制约了经济的可持续发展。工业大气环境效率的研究不仅有利于推进产业绿色发展,同时也有利于打赢蓝天保卫战。因此,在建设美丽中国的背景下,如何实现中国工业精准减排。提升大气环境效率,采取何种措施实现工业绿色发展,以及如何将工业大气环境优势转化为工业发展优势等问题的研究,对实现工业高质量发展具有重要的理论价值和实践意义。

本书的主要研究内容如下:

(1)概念的提出、评价方法改进及评价指标体系构建。本书阐释了绿色发展等理论并在归纳总结现有研究成果的基础上,界定了工业大气环境效率的概念及内涵,提出了虚拟前沿面 SBM-U 模型,创新性地同时解决了"坏"产出处理和有效决策单元的合理排序问题;科学、系统地构建了全要素工业大气环境效率的评价指标体系,避免了非期望产出指标选取的主观性,为后续科学评价奠定了基础。

(2)中国工业大气环境效率的测度研究。采用虚拟前沿面 SBM-U 模型测度了 2003—2017 年中国 30 个省市工业大气环境效率。研究发现:①中国工业大气环境效率水平较低,但近几年的年均增长速度明显得到较大的提高,发展态势良好;②省域间工业大气环境效率不均衡态势明显,如效率均值排在第一的广东(0.443)与最低的宁夏(0.127)相差 0.316,同时只有 33.33％的省市处于高工业大气环境效率均值和高年均增长率,但有 50％省市处于低工业大气环境效率均值和低年均增长率;③工业大气污染物冗余是工业大气环境效率低的主要原因。因此,应因地制宜、因时制宜、因物制宜实施工业大气污染物减排工作。本部分研究不仅论证多指标体系测度结果的相对合理和客

1

观,还论证了虚拟前沿面 SBM-U 模型对有效决策单元的合理排序问题。

(3)中国工业大气环境效率的空间特征研究。借助空间探索工具探讨 2003—2017 年中国 30 个省市工业大气环境效率值在经济地理空间上的空间集聚程度。结果显示:①中国工业大气环境效率的空间正相关省市仍占据主导地位,形成以北京、天津、福建的 High-High 集聚区和以青海、甘肃的 Low-Low 集聚区,但空间异质性出现上升,负向的空间关联省市逐年增多;②中国工业大气环境效率的局部空间关联类型省市呈现较低的流动性且较明显的"路径依赖"特征,东部和西部地区尤为明显。因此中部地区应积极学习东部地区的先进经验,加快工业大气环境质量的提升。本部分研究为后面影响因素模型的选择奠定了基础。

(4)中国工业大气环境效率水平的影响因素研究。剖析了工业发展水平、工业增长要素水平和环境政策工具三个角度共八个指标对工业大气环境效率的影响机理,选取 2003—2017 年中国 30 个省市的面板数据,采用空间面板 Tobit 模型进行检验。结果显示:全国层面上,所有影响因素都通过了显著性检验,工业发展水平、技术水平、劳动者素质、环境治理、公众参与呈现正向作用,产业结构、资本深化、环境规制呈现负向影响;区域层面上,东、中、西部地区影响因素存在差异,劳动者素质和产业结构只对中、西部地区呈显著负向影响,政府治理只对东、西部地区呈显著正向影响,公众参与只对东部地区呈显著正向影响。这表明各地区要立足区域实际,因地制宜、因时制宜采取针对性措施和对策提升工业大气环境质量。

(5)中国区域工业大气环境效率的工业发展效应研究。运用 GVAR 方法论证较高的工业大气环境效率是否更能吸引资本相对流入、劳动力相对流入以及工业产业迁入的假说。研究发现:东部地区工业大气环境效率的提升有利于招贤引资和工业产业转入,成功地将环境优势转化为区域工业发展优势;中部地区工业大气环境效率的提升能够吸引固定资本和工业产业的转入,但却会导致人力资本的流出;西部地区工业大气环境效率的提升阻碍了工业人力资本、固定资本的相对流入和工业产业转入。因此,各省市应当立足区域工业大气环境效率现状,采取差别化人才、资本和产业引进政策,推动工业绿色发展。本部分创新性地使用 GVAR 模型对工业大气环境效率的时空溢出效应进行研究,填补了当前工业大气环境效率价值判断的研究空白。

　　(6)中国工业行业大气环境效率的发展效应分析。以中国工业行业为样本,并将 41 个工业行业划分为 20 个大行业。运用面板向量自回归模型(PVAR 模型)分析工业行业大气环境效率对人才、资本和工业增长的溢出效应。研究发现:第一,工业行业大气环境效率的发展效应是积极的,总体上有利于大气环境效率和行业经济产出的提高,有利于吸引劳动力和资本的流入;第二,大气环境效率水平较高的行业具有更强的环境污染治理水平和要素报酬,因此较高水平的行业大气环境效率能够显著提高经济产出、吸引劳动力和资本流入;第三,不同类型行业大气环境效率水平的提升效应存在差异,即资本密集型行业大气环境效率水平的提升效应明显,能够显著吸引资本和劳动力的流入,促进经济产出提升,而劳动密集型行业大气环境效率水平的提升仅利于劳动力流入和经济产出,却不利于资本流入。

目　录

第 **1** 章

引 言

1.1 选题背景与研究意义

1.1.1 选题背景

20 世纪 60 年代前,国外发生了数起因大气污染造成的悲剧,如美国洛杉矶光化学烟雾事件(1943 年),大量碳氢化合物在阳光作用下与空气其他成分产生化学反应致使大量人员死亡;美国多诺拉烟雾事件(1948 年),工厂大量排放含有二氧化硫等有毒害气体,导致多人死亡;英国伦敦烟雾事件(1952 年),煤炭燃烧产生气体与污染物在伦敦上空蓄积,造成 1.2 万人死亡;日本四日市的哮喘事件(1961 年),中小企业在石油冶炼和工作燃油产生的废气,造成近 80 万人患病。大气污染悲剧的产生,给世人敲响了警钟。

但改革开放初期,在经济水平和工业发展相对落后的情况下,面对环境保护与经济发展矛盾,中国还是选择了"先污染后治理"的工业发展道路。当前经过 40 多年的高速工业化发展后,我国经济取得了历史性的伟大成就,即我国经济总量不断缩短与世界主要发达国家之间的差距,2010 年超越日本成为第二经济大国,跃居全球第二。但经济高速增长的同时,却带来了严重的环境污染和巨大的环境成本损失,且影响和威胁到居民的生存环境、身体(心理)健康。近年来,多地频现的十面"霾"伏、极端高温天气、温室效应、臭氧空洞等环境问题,再次引起了人们和政府对大气环境问题的高度重视和广泛关注。

1.1.1.1 大气污染已成为阻碍可持续发展的关键因素

第一,大气污染已严重影响到人类的生存环境。当前中国空气环境质量形势相当严峻。2018 年环保部发布的《中国环境状况公报》显示:2018 年共有 217 个城市环境空气质量超标,占全国(338 个城市)的 64.2%,较 2017 年减少 22 个城市,下降了 6.5 个百分点,总体上所监测的城市空气质量有所改善,但中国空气质量超标城市占比仍高达 6 成以上,形势仍相当严峻。与此同时,瑞士研究小组 IQ Air Visual 发布的《2018 年世界空气质量报告》显示,中国有 56 个城市排在世界污染最严重城市的前 100 名。

第二,大气污染对人类身体健康的威胁越发严重。2010 年"环境颗粒物质污染"作为第四大健康杀手导致中国 120 万人过早死亡[2],约占全球此类死亡总数的 40%。中国每年大气污染造成的过早死亡人数为 35 万～50 万人/年,自 1970 年以来大气污染的加重也导致中国肺癌发病率的上升[3]。联合国环境总署(UNEP)发布的《迈向零污染地球》(2017 年)的报告中显示,全球近八成的居民受到不良空气质量的困扰,每年在死于不健康环境的人中有将近 25%的人死于环境问题[4]。此外,进入 21 世纪以来,中国环境群体性事件和信访量每年以 30%以上的速度在上升[5]。

第三,大气污染严重侵蚀经济发展创造的财富。据国家环保局测算,2005 年每吨二氧化硫的经济损失是 20 000 元,以此标准,2017 年因二氧化硫污染造成的损失高达 2 028 亿元。2013 年亚洲开发银行和清华大学在研究报告指出,中国每年因空气污染导致高达 3.8%的 GDP 损失。按照中国近年 GDP 增长率 7%左右计算,大气污染将侵蚀一半 GDP 增长率。因此,大气污染带来的社会、经济问题已不容忽视。

1.1.1.2 建设美丽中国上升到国家战略层面

面对如此严峻的工业大气环境污染问题,中国政府在思想上不断重视、行动上积极应对。20 世纪七八十年代,中国先后颁布《工业"三废"排放试行标准》《环境保护法》(1979)和《大气污染防治法》,通过法律规范等方式强化地方责任政府、加大大气污染处罚力度、突出源头治理等举措来进一步整治大气污染。目前,中国政府已将环境保护治理列入政府发展规划中,"十五"规划强调环境保护的重要性;"十一五"规划明确降低污染物排放量目标;《重点区域大气污染防治"十二五"规划》和《"十二五"节能减排综合性工作方案》两个文件中明确提出:从现在到 2015 年,单位国内生产总值的二氧化碳排放量降低17%,二氧化硫排放量减少 8%,氮氧化物排放减少 10%作为约束性指标;"十四五"规划明确落实 2030 年应对气候变化国家自主贡献目标,推进经济高质量发展和生态环境高水平保护,单位国内生产总值能耗和二氧化碳排放分别降低 13.5%、18%。可见中国政府治理大气污染问题上不断明确了具体目标。

　　近些年来,国家开始不断深化和强调绿色发展的地位和重要性。2012 年十八大报告明确了生态文明建设的突出地位,首次提出美丽中国发展战略。2013 年 9 月,国务院颁布《大气污染防治行动计划》,制定了大气治理时间表和具体政策措施,强化对各级政府环境治理考核和问责。2015 年,十八届三中全会明确将美丽中国建设纳入"十三五规划"。2016 年,习总书记提出"绿水青山就是金山银山"的绿色发展理念,指出环境就是民生,青山就是美丽,蓝天也是幸福,强调环境保护(含大气环境)的重要性[6]。2017 年,中国提出打好蓝天保卫战,推进产业绿色发展。同年中央财政在大气污染防治方面安排的专项资金达到 160 亿元,充分显示中国政府对大气环境保护和经济增长协调发展的重视程度。随后,习总书记强调将环境保护突出问题作为重点优先考虑领域,为实现打赢蓝天保卫战而努力,尤其把空气质量的明显改善作为刚性要求,同时还强调联防联控,基本消除重污染天气[7]。这都充分体现了党中央建设美丽中国和打赢蓝天保卫战的决心,为不断满足人民日益增长的优美环境需要而做出长期努力。

1.1.1.3　解决工业大气污染问题需要依靠转变工业发展方式

　　当前,中国生态文明建设正处于关键期、进入攻坚期、到了窗口期,而中国大气污染形势治理更是中国生态文明建设的重中之重。通过大气环境污染物来源分析可知,中国大气环境污染排放物主要来源于工业生产,如 2015 年,工业创造了中国 42.4% 的 GDP,却排放了全国 83.7% 的二氧化硫和 63.8% 的氮氧化合物、80.1% 的烟粉尘;2016 年,工业排放二氧化碳占比 90% 以上,二氧化氮占比 70% 以上,粉尘占比 85% 以上。由此说明,中国大气环境污染治理重点领域应集中在工业生产,这点也在《大气污染防治行动计划》中得到印证。《大气污染防治行动计划》主要篇幅强调工业综合治理力度、产业结构调整、节能技术改造以及产业环保准入等大气污染防治举措。环保部部长周生贤多次强调中国大气污染问题是粗放型经济发展模式长期积累造成的,因此大气环境治理需要经济结构源头控制和末端治理同时实施。

同时,"中国制造 2025"提出"绿色发展",要求制造业走节能减排的可持续发展道路,指出过度依赖消耗资源的粗放型增长模式是不可持续的,中国制造业发展方式必须从要素扩张型转变为效率增进型[8]。"十三五"规划(2016年,以下简称"规划")中指出,推动绿色发展的重要导向是发展绿色工业、建设资源节约型、环境友好型社会,并特别强调工业减排是实现中国减排目标的重点。与此同时,习近平总书记在处理经济增长与生态保护关系问题上指出:生态环境保护的成败归根结底取决于经济结构和经济发展方式。因此,解决中国工业大气污染问题的唯一方法是转变经济发展方式,这将有利于实现中国工业大气环境效率的提升。

1.1.2 问题提出

如前文所述,改革开放以来,中国工业在国民经济发展中起着举足轻重的作用,创造了 40% 以上的国民财富,排放了至少 60% 的大气污染物,一定程度上加剧了十面"霾"伏、极端气候等现象的频繁出现,这主要由于中国仍尚未完全摆脱高投资、高能耗及高排放的粗放型工业增长模式。因此,这就要求中国工业生产践行绿色发展理念,转变工业发展方式,实现打赢蓝天保卫战,还老百姓蓝天白云、繁星闪烁的天空的目标。在此背景下,研究中国工业大气环境问题具有重要的现实需求。

世界持续发展工商业联合会(WBCSD)较早将环境效率定义为"在满足人

类高质量生活需求的同时,将整个生命周期对环境的影响控制在地球的承载范围内"[9]。该概念的内涵兼顾了经济效益和环境保护两个方面,主要用于衡量经济发展和环境保护协调可持续发展水平。鉴于此,本书采用中国工业大气环境效率衡量中国工业生产创造经济财富和大气环境污染的协调发展程度,以期能够更好厘清、深研中国工业大气环境相关问题。

1.1.2.1 工业大气环境效率测度方法及测评体系还有待改进

科学测度中国省域工业大气环境效率,不仅有利于直观且客观地认识当前中国省域工业大气环境效率的水平,挖掘中国工业大气环境无效率的关键因素,还有利于寻求缩短区域工业大气环境效率差距的动力源泉。然而现有研究结果显示:第一,现有环境效率评价方法的结果常常同时出现多个有效决策单元,无法实现对有效决策单元的排序和对比,无法确定标杆对象,从而无法为决策者提供有针对性的指导意见;第二,现有研究结果显示中国环境效率值普遍偏低,无效率现象严重,但缺乏进一步分析其无效率的原因;第三,现有学者采用污染物强度单指标或者多指标加权作为环境效率代理变量,虽然一定程度上反映了当前环境问题,但总体仍不够全面、科学;第四,尽管已有学者采用数据包络法将要素投入、经济产出和环境污染等同时考虑在内,但仍存在指标选择上不够全面、环境污染指标处理不够科学、有效单元缺乏差异分析等问题;第五,现有研究中缺乏对省际工业大气环境效率的测评体系全面而深入的研究,如在大气环境效率的测度上,非期望产出要素大多选择不含碳排放的其他大气污染物或者只选择研究碳排放。因此,本研究将进一步改进和拓展省际工业大气环境效率的测度方法和测评体系,更为系统而全面地研究中国省际工业大气环境效率之间的区域差异及变化趋势,并对省际工业大气环境无效率进行分解,为政府推行污染防治、资源优化配置提供科学的参考依据。

1.1.2.2 工业大气环境效率的影响因素及其作用机理缺乏深入剖析

第一,因素分析是环境效率研究的重要内容,当前大气环境效率因素分析对象集中在省域总体情况,鲜有研究以省域工业大气环境效率为研究对象。

第二,当前部分研究对于环境效率影响机制和因素分析不够系统、深入,在影响因素选择上随意性和主观性较强,由此造成了研究结果因选取的研究时间、对象、领域的不同而存在显著差异,难以形成相对一致的结论,一定程度上降低了研究价值,无法为中国政府打赢蓝天白云攻坚战提供较为坚实的理论依据和政策参考。

1.1.2.3 鲜有关于工业大气环境效率的工业发展效应分析

当前,大部分文献的研究内容主要集中于以下几点:第一,通过对大气环境效率的测度来了解大气环境的现状问题;第二,通过剖析大气环境效率的影响因素解决大气环境效率如何提升的问题。但仅有这些研究显然是不够的,还需要进一步深入探讨研究大气环境效率的价值问题,即工业大气环境效率的提升会带来什么"好处"。因此本书延伸了大气环境效率的研究范畴,通过探讨工业大气环境效率提升带来的环境优势是否会转化为区域工业发展优势,影响工业生产要素配置和流动,影响工业产业在区域之间的转移,以及区域工业大气环境效率提升能否实现跨区域传导,不同区域工业大气环境效率与其他区域空间效应是否存在差异。这些研究结果将为企业权衡污染治理与企业收益之间的关系提供科学的参考依据,进而有利于政府在环境污染治理中结合自身情况制定具有区域差异性的污染防治政策。

1.1.3 研究意义

"十三五"规划指出,坚持绿色发展,推进美丽中国建设,为全球生态安全作出新贡献[10]。作为负责任的大国,中国将生态文明建设列入"十三五"规划的重要目标任务中,明确环境保护的建设高度,推进实现经济发展与环境保护共赢。为此,本书针对当前中国工业大气环境效率的研究存在的不足,综合采用虚拟前沿面 SBM-U 模型、空间计量模型、GVAR 模型等研究方法,开展中国工业大气环境效率的测度、空间特征分析、影响因素机理分析与识别、工业发展效应分析及政策启示等具有重要的理论价值和实际意义。

1.1.3.1 服务工业绿色发展需要,为建设美丽中国提供理论指导

当前,中国正处于社会主义初级阶段,工业经济发展和大气污染间矛盾还较为突出,故实现工业经济和大气环境保护协调发展,还老百姓蓝天白云、繁星闪烁还任重道远。为此,本书通过科学测度全国各省市工业大气环境效率水平,为各级政府认清当前现状、找到差距提供了理论基础;通过剖析各省市大气环境效率低下的内在原因,为各省市实施精准减排提供了参考依据;通过分析中国工业大气环境效率的空间特征和外在影响因素,探讨工业大气环境效率的动力源泉,有利于各省市采取针对性举措和决策;通过探讨工业大气环境效率带来的优势能否促进招贤引资,有利于政府认识到优美大气环境的价值所在,采取针对性资本、人才和产业引进政策,将区域环境优势转化为区域工业发展优势,进而实现工业绿色发展。总之,工业大气环境效率相关问题研究,能够助推工业实现绿色发展之路,为决策者制定有针对性的区域工业大气环境治理的发展战略、环境政策、减排任务提供指导,为全面推进美丽中国建设提供决策依据。

1.1.3.2 拓展全要素环境效率研究内容,丰富环境经济学理论研究

一直以来,学术界较为重视环境效率研究,在环境效率现状及因素分析方面已取得较多成就,回答了环境效率"是什么""怎么样""为什么"等问题。首先,为科学和系统地回答了工业大气环境效率"是什么""怎么样",本书在已有研究基础上,结合当前经济发展和环境保护现实,定义工业大气环境效率概念和内涵,构建了工业大气环境效率的评价方法和指标体系,形成了全要素工业大气环境效率研究框架,进一步拓宽环境效率的评价方法,完善了环境效率研究框架,为其他学者开展相关研究提供了参考;其次,通过分析工业大气环境效率投入产出冗余率,分解低效内因,科学回答了"为什么"工业大气环境效率总体较差;然后,通过机理分析、实证研究探索影响工业大气环境效率的外因,解决了工业大气环境效率发展"怎么办",进一步丰富了环境效率研究内容;最后,采用 GVAR 模型探讨中国区域工业大气环境效率对区域工业要素流入、工业产业转移的影响效应,尝试探讨工业大气环境效率的价值所在,即回答工

业大气环境效率提升带来的环境优势所产生的社会价值和经济价值,拓宽当前环境效率的研究边界。

1.2 研究思路及研究内容

1.2.1 研究思路

本研究基于各省(自治区、直辖市)的经济发展水平、资源禀赋、经济发展阶段等基础,研究中国工业大气环境效率水平。根据环境治理经验,控制大气污染物排放存在的两种思路:一是末端治理,减少大气污染物排放总量;二是源头控制,转变工业生产方式,实现工业绿色生产。无论何种思路,其最终目的都是提高大气环境效率,降低单位产出污染排放量。鉴于此,本书以提高工业大气环境效率为核心主题,通过科学测度中国各省市工业大气环境效率水平,认清当前中国工业大气环境效率现状,挖掘中国工业大气环境无效率的内在因素,探寻资源优化配置渠道;然后将空间计量经济模型纳入工业大气环境效率的研究框架中,从工业发展水平、工业生产要素水平和环境政策工具三个维度探究中国工业大气环境效率水平的影响因素的作用机理,并以此为基础深入剖析影响中国工业大气环境效率水平的主要因素,寻求缩短区域工业大气环境效率差距的动力源泉。最后通过在工业大气环境效率的冲击下,工业转移和工业要素流动及其对自身的脉冲响应程度,探寻工业大气环境效率提升带来的环境优势能否形成“洼地效应”,吸引优质的资本和劳动力,助推工业实现绿色发展之路。为此,本书立足于为决策者制定有针对性的区域工业大气环境治理的发展战略、环境政策、减排任务,全面推进中国省域实现建设美丽中国提供决策依据。

1.2.2 研究内容

本研究的具体内容如下:

第一章为引言。阐述了当前中国大气环境污染形势严峻,已经严重影响到美丽中国建设,迫切需要转变工业发展方式,实现工业绿色发展。在此背景下,总结当前大气环境效率研究面临的现实问题,进而提出本书研究内容、研究方法、研究价值、技术路线和创新点等内容。

第二章为理论基础和研究综述。首先,文章梳理了经济增长理论、可持续发展理论、绿色发展理论、外部性理论、气候变化经济学等重要理论,为后续研究提供理论铺垫;然后系统梳理了环境效率评价方法、评价指标体系、空间特征、因素分析等方面的研究成果,总结出当前研究成果的优点与不足,为更好地理解和深入研究中国工业大气环境效率问题提供理论借鉴和参考,同时还确定了数据包络分析法为测量当前中国工业大气环境全要素生产率的最佳研究方法。

第三章为工业大气环境效率概念的提出和非期望产出 SBM 模型改进。在环境效率概念基础上,界定工业大气环境效率概念和内涵,为后续指标体系构建和评价方法选取提供分析框架,形成了全要素工业大气环境生产率的理论分析框架。随后,针对当前数据包络分析法在环境效率测算中存在的不足,提出一种改进的环境效率评价方法——虚拟前沿面 SBM-U 模型,并论证阐述了其优点。

第四章为中国工业大气环境效率的测度分析。首先,借鉴现有的大气环境效率指标体系,构建了基于全要素视角的中国工业大气环境效率评价指标体系,确定了投入、期望产出、非期望产出等具体指标。其次,从时间和空间维度全面比较和分析了 2003—2017 年中国 30 个省市工业大气污染物排放总量、年均排放量及排放强度,以便对当前中国工业大气污染物排放情况进行总体把握,并证实了采用多指标进行科学性和和合理性的评价。再次,借助 SBM-U 模型和虚拟前沿面 SBM-U 模型测度 2003—2017 年中国 30 个省市工业大气环境效率,对比分析了两种测算方法的实证结果,证实了虚拟前沿面

SBM-U 模型存在的合理性及价值所在,并以虚拟前沿面 SBM-U 模型测算结果为基础进行详细论述。然后,通过投入冗余率和产出冗余率进一步判断中国省域工业大气环境无效率原因,探寻实现资源的优化配置方向。最后,通过变异系数和泰尔指数对中国工业大气环境效率的区域差异性进行分析,揭示工业大气环境效率区域间差异和区域内差异各自的变化趋势及各自在差异中的贡献率。

第五章为中国工业大气环境效率的空间特征分析。首先,对空间相关性检验方法进行简要介绍;其次,通过 Moran 指数方法和局部空间相关分析研究 2003—2017 年中国 30 个省市工业大气环境效率的空间分布特征。然后,通过时空跃迁测度方法分析中国工业大气环境效率的局部空间关联类型的时空动态变化。最后,通过 LISA 集聚图判断中国工业大气环境效率的局部空间依赖格局。

第六章为中国工业大气环境效率的影响因素分析。首先,本章立足理论机理分析,从工业发展水平、工业增长要素水平和环境政策工具三个维度阐述其对中国工业大气环境效率的作用机制和路径,并从实现最大经济产出和尽可能少的工业大气污染物排放两个角度绘制影响因素机理图;其次根据研究目的和数据质量,确定采用 SLM-面板 Tobit 计量模型检验经济发展水平、产业结构、技术水平、劳动者素质、要素禀赋、环境规制、环境治理和公众参与度共八个指标对中国工业大气环境效率的作用路径及影响程度。最后提出相应的对策建议。

第七章为中国区域工业大气环境效率的工业发展效应分析。针对当前研究缺乏对中国工业大气环境效率的价值判断,本章运用 GVAR 模型以动态视角实证研究区域工业大气环境效率对区域工业产业转移和工业要素流动的时空影响以及区域间工业大气环境效率的空间溢出效应,从而论证良好工业大气环境质量能够转化为区域经济发展优势,实现招商引贤。

第八章为中国工业行业大气环境效率的测度及其发展效应分析。当前关于工业行业较为微观的研究仍较少,针对工业行业大气环境效率对人才、资本和工业增长的溢出效应研究仍有空白。本章运用 PVAR 模型分析工业行业大气环境效率溢出效应,为我国人才集聚、工业行业高质量发展提供有价值的政策启示。

第九章为研究结论、政策启示及研究展望。本章主要对本研究的主要结论和贡献进行总结,并提出了实现工业经济发展与大气环境保护双赢的政策启示,最后指出本书研究的不足以及未来可以突破的研究方向。

1.3 研究方法与技术路线

1.3.1 研究方法

本研究采用的研究方法如下:

(1)文献分析法

广泛收集有关环境效率的相关概念、评价方法、环境全要素生产率影响因素、绿色发展、建设美丽中国等相关文献资料,归纳和总结当前关于环境全要素生产率研究内容所取得的成果以及仍然存在的不足及空白。然后结合当前现实情况,总结得到本书的研究对象、研究内容以及研究方法,实现研究内容和研究方法的突破和创新。

(2)实证研究法

本书研究内容主要依赖于实证研究。第一,采用 SBM-U 模型和虚拟前沿面 SBM-U 模型测度 2003—2017 年中国工业大气环境效率;第二,借助探索性空间数据分析方法(ESDA)对工业大气环境效率的空间效应进行诊断,分析其空间分布特征;第三,借助 SLM-面板 Tobit 模型实证分析中国工业大气环境效率的影响因素及其影响程度;第四,采用 GVAR 模型探讨中国区域工业大气环境效率对工业要素流动、工业产业转移及自身的时空溢出效应。

(3)系统分析和定性研究相结合

本书在系统分析了环境效率概念的基础上界定了全文的核心内容——中国工业大气环境效率的概念和内涵,在此基础上构建了分析中国工业大气环境效率的指标体系和研究方法,为全文研究夯实基础。此外,还通过对相关文献的系统梳理,归纳和总结了中国工业大气环境效率的主要影响因素。

1.3.2 技术路线

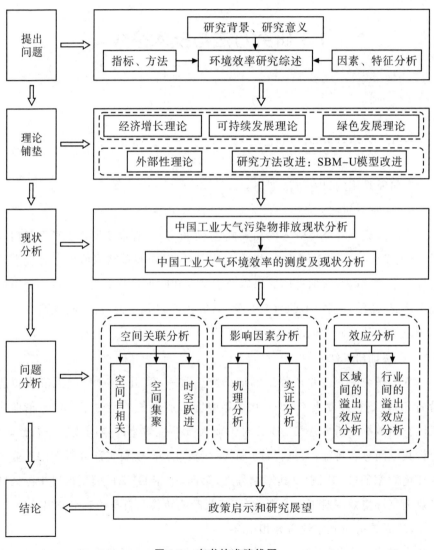

图 1-1　本书技术路线图

1.4 研究创新

(1)研究视角创新。首先,目前已有许多学者关注大气环境污染问题,但鲜有关于工业大气环境效率的研究,故本书以工业大气环境效率为研究主题,以期弥补现有研究的空白。其次,关于环境全要素生产率指标选取主观性比较强,不同文章存在较大差异,本书在界定了中国工业大气环境效率概念和内涵的基础上,再结合当前数据可获得性等因素,综合构建了相对较为完整、科学的全要素工业大气环境效率指标体系。最后,当前对影响因素的机理分析缺乏较为系统的研究,本书以中国工业大气环境效率内涵为基础,通过源头控制和末端治理两个维度绘制工业发展水平、工业增长要素水平和环境政策工具三个角度的中国工业大气环境效率的影响作用机理图。

(2)研究方法创新。已有研究较多使用非径向、非角度的 SBM 模型来测度环境全要素生产率,但其测算出来的结果常常会同时出现多个有效决策单元,无法为决策者提供有效的管理经验。同时,超效率 SBM 模型尽管解决了有效决策单元的排序问题,但其主要是基于最优评价决策单元与最优前沿面生产能力的比值确定各单元的排序问题,忽略了无效决策单元,导致其效率评价值不在同一个参考集,故其排序结果会存在一定的局限性。为弥补上述方法的局限性,本书基于虚拟前沿面的思想,对非期望 SBM 模型进行改进,提出虚拟前沿面的非期望 SBM 模型(虚拟前沿面 SBM-U),该方法既能够保证所有决策单元都在同一个前沿面进行评价,即实现所测算的决策单元在同一个标准下进行对比分析,同时也能较好地区分出强有效决策单元和弱有效决策单元,实现环境效率值的排序问题,确保测算结果的合理性。

(3)研究内容创新。运用全局向量自回归模型(GVAR)实证研究区域工业大气环境效率的工业发展效应分析,不仅突破了已有研究仅停留于环境效率的评价、空间特征分析及影响因素分析,延伸了对工业大气环境效率所产生

的社会价值和经济价值的判断研究。同时,相较于传统的 VAR 模型,GVAR
模型考虑了内生性,有效地避免了参数的估计,能够从时空动态的角度研究区
域工业大气环境效率的效应波动变化趋势,实现了其空间溢出效应。

第 **2** 章

理论基础与文献综述

首先,文章梳理了经济增长理论、可持续发展理论、绿色发展理论、外部性理论、气候变化经济学等重要理论,为后续研究提供理论铺垫;然后系统梳理了环境效率的评价方法、评价指标体系、空间特征、因素分析等方面的研究成果,总结出现有研究成果的优点与不足,为更好地理解和深入研究中国工业大气环境效率问题提供理论借鉴和参考。此外,还确定了当前评价中国工业大气环境全要素生产率的最佳方法——数据包络分析法(DEA)。

2.1 理论基础

2.1.1 经济增长理论

技术进步应该作为内生变量还是外生变量来驱动经济增长成为经济学家长期以来争论不休的话题,其中内生增长理论影响更为长远。肯尼迪阿罗在干中学效应中通过累计投资形式表现技术进步,尝试将技术进步内生化,开启技术进步内生理论研究。罗默(1986)基于阿罗模型提出第一个内生增长模式(知识溢出模型),指出知识积累是经济增长的动力和源泉。卢卡斯(1988)提出了人力资本溢出模型,指出人力资本的外在效应会促使技术及知识在劳动力之间进行流动和传播,提高劳动生产率,发现人力资本积累是经济持续增长的动力和源泉。罗默(1990)的代表作《内生技术变化》,提出第二个内生经济增长模型,指出研究与开发是经济增长的源泉。随后以 Bovenberg & Smulders(1994)为代表的学者将环境因素引入生产函数的研究[11],实现在内生增长理论框架下研究环境与经济的可持续发展问题。至此,物质资本、人力资本、技术进步和环境因素都纳入内生增长理论框架。

近年来,经济高速增长的同时不仅带来了严峻的环境污染、气候变化压力以及巨大的环境成本损失,还严重威胁到中国经济社会的可持续发展,也对人们的生活和健康造成极大的困扰。因此,将环境因素纳入经济增长理论中或者产业发展研究中对探讨工业绿色增长具有现实意义。可见,内生经济增长理论能为工业绿色发展提供重要的理论基础。

2.1.2 可持续发展理论

经济社会发展的早期,人们的经济生产和能源消耗行为能够控制在生态环境的自我修复能力范围内,环境问题暂未显现。但到了 20 世纪 50 年代,随着人口的迅速增加和人类物质消费的提升,社会生产、消费规模不断变大,工业生产造成了大量资源消耗和废气、废水、废物排放,从而导致环境污染物排放量超过环境的自净能力及承载能力,从此环境污染开始出现不断恶化,经济发展和环境保护协调发展问题开始受到大众和政府关注。1972 年罗马俱乐部发表了《增长的极限》,该报告提出了富有挑战性的"增长的极限",首次指出人口增长、粮食生产、工业发展、资源消耗和环境问题等五种因素呈指数增长方式,导致经济与环境之间存在极其不平衡状态,为此报告中特别强调合理持久的均衡发展。至此,可持续发展理论开始萌芽。同年 6 月 5 日在斯德哥尔摩召开的就环境问题的第一次世界性会议,标志着全人类对环境问题的觉醒,同时该会议也发布了人类环境的完整报告《只有一个地球》。1987 年《我们共同的未来》报告中首次正式对可持续发展进行定义,指出人类所拥有的资源必须满足每一代人的发展需要,必须确保资源的永续使用。报告中强调,人们开始将注意力由过去关注经济发展对生态环境造成的影响转向关注生态环境对经济发展造成的影响。可见,可持续发展内涵是在充分考虑环境和资源的承载力下实现经济可持续增长,最终达到经济、社会和环境的和谐发展。至此,可持续发展理论由此诞生。新时代的中国经济可持续发展理论逐步完善和丰富。绿色发展理论、美丽中国建设、"两型"社会和"绿水青山就是金山银山"理念正在指导中国实现经济和环境的协调可持续发展,指导中国进行大气污染防治。

根据可持续发展理论,要实现经济和环境的可持续发展,显然就需要我们从生产结构、消费理念上予以改变。为此,这不仅要求中国转变经济发展模式,走绿色发展道路,还要求中国工业在兼顾工业经济增长和工业环境污染下走绿色制造模式,这些具体要求为本书在界定中国工业大气环境效率定义、构建评价指标体系以及确定环境效率评价方法上提供重要的理论基础。

2.1.3 绿色增长理论

1989 年,英国环境经济学家大卫·皮尔斯《绿色经济蓝图》一书中最早提出绿色经济,指出绿色经济是包含经济高效、规模高效、社会包容的可持续发展经济模式。随后,学者和各类组织不断充实和丰富绿色增长理论和内涵。如 CECD(2009)认为绿色经济增长就是指,在经济健康发展和增长的情况下,确保自然资产能够不断满足人们需要的资源和环境[12]。UNEP(2011)将绿色经济增长定义为,将改善人类福祉和社会公平与降低环境风险和生态稀缺性的经济放在同等重要的位置[13]。联合国亚太经合委员会认为(2011),绿色增长是在推动低碳和社会包容发展的基础上,实现环境和经济的共赢[14]。Word Bank(2011)认为,绿色增长是在资源的节约、清洁和更有弹性的前提下,经济增长速度不会降低的发展[15]。李萍罗(2011)认为绿色增长不仅仅是经济增长基础上兼顾资源的改进,还是一种深度经济范式的变革[16]。王兵等(2010)将绿色发展定义为在一定投入下,非期望产出减少,同时期望产出增加[17]。钟茂初(2016)认为推动绿色发展的关键在于提高生态效率,且必须具备两个条件:一是应受到生态承载力的严格约束,二是将生态效率的提升作为发展的根本途径[18]。

绿色发展理论的实质是可持续发展理论的发展和延续,其主要贡献在于对传统经济增长模式和衡量经济增长指标标准的反思。传统经济增长理论中,衡量经济增长的指标是国内生产总值和人均收入水平,未将环境成本考虑在内,导致唯 GDP 论的盛行;而绿色增长理论的诞生,尤其是将资源、环境成本考虑在内的绿色 GDP 的提出,标志了宏观经济核算指标体系的转变。为此,绿色发展理论和绿色 GDP 的具体应用为本书在构建中国工业大气环境效率指标体系提供了理论指导。

2.1.4 外部性理论

新古典经济学的先驱马歇尔最早提出外部性的概念,即若通过产业扩大而获得平均成本的降低,称为"外部经济";若通过提高组织管理效率而获得生产规模的扩大,称为"内部经济"[19]。马歇尔的嫡传弟子、福利经济学之父庇古发表了《福利经济学》①,提出了"外部不经济",即通过私人边际收益与社会边际收益、私人边际成本与社会边际成本权衡的结果来分析研究企业或居民对其他企业或居民的不利影响效果[20]。针对外部不经济,政府可采取两种经济政策,一种是给企业补贴,实行奖励和津贴奖励企业外部经济效应问题;另一种是通过向企业征税解决企业外部不经济问题,也称为"庇古税"。环境污染排放是显著外部不经济现象,针对该问题国际上普遍采用庇古税即排污费收费制度进行解决。新制度经济学的奠基人科斯(Coase,1961)在马歇尔和庇古的研究理论基础上出版了《社会成本问题》,主要研究交易费用和财产权对经济制度结构和运行的意义,该研究问鼎 1991 年诺贝尔经济学奖。

随着社会的发展,环境污染的负外部性问题越来越凸显,这就要求我们在经济研究中必须充分兼顾考虑期望的经济产出和非期望的污染物排放,将环境污染(外部性)进行内部化,实现外部成本与社会成本的差额补偿,进而实现污染外部性问题的解决[21]。其中,环境污染内部化的方式可归纳为四种:第

---

① 《福利经济学》于 1920 年经修改《财富与福利》一书易名得来。

一,政府效率方式,制定排污标准和征收污染税(庇古税);第二,科斯的自愿协商(市场效率方式);第三,排污权交易制度,政府相关部门设定排污量上限,针对符合条件的企业发放排污许可证,该许可证可在市场上自由交易;第四种,社会准则,主要代表有斯蒂格利茨(Stiglitz,2000)的"经济增长黄金律"和黄有光的"良心效应"。

外部性理论说明经济发展评价不能"唯 GDP",而应构建包含反映生态文明建设状况指标的经济社会发展评价体系[22],该理论为本书在构建中国工业大气环境效率评价指标体系上提供参考,同时外部不经济的解决方式也为中国工业大气环境效率影响因素分析提供理论基础。

2.1.5 气候变化经济学

20 世纪 80 年代,美国经济学家威廉·诺德豪斯首次将气候问题纳入经济学理论分析框架中,气候经济学由此诞生,威廉·诺德豪斯也因此摘得2018 年诺贝尔经济科学奖桂冠。Olson(1965)提出"搭便车"问题,指出参与者不需要支付任何成本就可以享受到支付者完全等价的物品效用[23]。2006年 10 月前世界银行首席经济学家尼古拉斯·斯特恩撰写了《斯特恩报告》(The Economics of Climate Change:The Stern Review),指出气候变化具有全球公共物品与外部性的经济学特征:大气是一个公共物品,没有付出价值的人可以享受空气,同时一个人对空气的使用也并不能减少别人对它的使用,且不便在市场上进行交易。Stern(2007)指出温室气体对气候变化造成的影响也依赖于全球的整个气候体系[24]。

中国工业大气污染形势严峻,已经严重制约了中国工业行业的可持续发展,也直接或者间接地影响了居民的生存环境。与此同时,作为经济增长和环境制约的主要工业是中国大气污染治理的重点领域。因此,工业大气污染治理势在必行,而大气污染治理工作的开展需要气候变化经济学作为指导,如大气具有的公共物品和外部性特征能为本书在探析工业大气环境效率提升的内在机制提供理论基础。

2.2 文献综述

2.2.1 环境效率评价方法的相关研究

早期,政府和民众更为关注石化能源使用极限及其污染问题,学术界研究则集中在能源使用极限及其影响,目的在于为未来制定节约能源政策提供有针对性的对策建议,研究方法普遍采用二氧化碳排放场景的模拟。Edmonds和 Reilly(1983)认为全球能源环境的评价模型对能源环境的决策分析很重要,并提出可预测未来 100 年的全球能源经济发展变化模型[25]。Kamiuto(1994)通过构建全球碳循环模型,并用于估计大气、生物圈和海洋三个水库间的二氧化碳转移率[26]。Snakin(2000)推介了一种可用于评估采暖能源和温室气体排放量的区域工程模型[27]。随后,随着环境问题频发,学者研究重点开始从能源问题向环境问题转变,聚焦温室气体减排和环境效率问题,如Färe 等(1996)通过构建新的计量模型,在污染指数和投入—产出效率指数基础上引入环境效率指标,形成环境效率指数[28]。Chung(1997)针对传统效率模型无法处理混合产出不足的问题,通过建立方向距离函数评价含有混合产出的投入产出效率,同时实现坏产出的减少和好产出的增加[29]。Reinhard 等(1999)将环境有害变量视为投入,利用随机生产前沿生产方法测度了荷兰奶牛场的环境效率[30]。Finnveden(1998)、Ayalon(2000)将生命周期法应用于环境效率评价领域[31,32]。Zaim 和 Taskin(2000)借助非参数方法为经济合作与发展组织成员国建立了环境效益指数,并成功算出每个成员国达到更好环境效益需要舍弃的经济产出[33]。Mimouni 等(2000)采用 EPIC 仿真模型和MOPM 模型对突尼斯北部的农场环境效率进行评价[34]。Reinhard(2000)比较了 SFA 和 DEA 方法对荷兰奶牛场的环境效率的评价结果,归纳出两种方法的优缺点[35]。Bevilacqua 和 Braglia(2002)将 CCR 模型应用于意大利炼油厂的环境效率评价[36]。Montanari(2004)采用多标准决策对 15 家火电厂的环境效率进行评价[37]。Huang 和 Ma(2004)将生命周期法、层次分析法、聚类分析三种方法进行结合,构建一个新的综合环境评价框架用于研究环境问题[38]。Karen 等(2004)采用 DEA 模型研究中国能源效率,结果显示,研发支出、产业结构变动是导致中国 1997—1999 年能源强度下降的主要驱动力[39]。Vencheh 和 Matin(2005)建立了一种能够同时解决非期望的投入和产出 DEA 模型,拓展了环境效率的概念[40]。Zhang(2009)构建了一个同时考虑非期望产出减少和期望产出增加的环境效率模型,对中国工业部门的环境和技术效率进行测度评价[41]。Picazo-Tadeo 等(2011)利用 DEA 方法测度了西班牙农业企业的生态效率[42]。

近年来,国内学者逐步采用定量研究方法研究环境效率及其相关问题,如沈满洪和许云华(2000)最早以工业废水排放量、废气排放量及固体废弃物产生量作为环境污染代理指标,论证浙江省经济增长与环境污染的 EKC 曲线[43]。王波等(2002)利用 DEA 方法,较早提出将环境因素纳入企业效率评价模型[44]。孙广生等(2003)选取工业废水与废气作为工业生产的非期望产出指标,工业增加值为期望产出,通过 DEA 模型测度中国各省份工业生产的环境效率[45]。陈诗一(2009)通过随机前沿生产函数法对中国省际或行业全要素环境生产率进行测算[46]。汪克亮(2011)在全要素能源效率的框架下,将"目标能源强度"指标纳入新模型,实现对中国各省市的能源强度效率的测算[47]。屈小娥(2012)指出,SBM 模型能够处理非期望产出,并将其应用于中国各省市环境全要素生产率的测算[48]。王喜平和姜晔(2012)采用方向距离函数和 Malmquist-Luenberger 指数模型,对 2001—2008 年中国 36 个工业行业的全要素能源效率进行测算[49]。朱彬彬(2013)采用生命周期法评价煤炭能源转化效率[50]。张少华和蒋伟杰(2014)采用 DEA 方向距离函数结合 Malquist-Luenberger 生产率指数模型对中国省域的环境全要素生产率进行了测算[51]。范丹(2015)选取非期望产出 SO_2、COD、CO_2,采用共同前沿的 MML 生产率指数对工业行业的环境全要素生产率进行测算[25]。石风光(2015)构建 SBM 方向性距离函数对中国省区工业绿色全要素生产率进行评价[52]。蔡乌赶和周小亮(2017)运用非期望产出的 EBM-DDF 模型测度了中国省域2003—2014年的绿色全要素生产率[13]。汪克亮(2017)基于非径向距离函数(NRDDF)与具有差分结构的改进型Luenberger生产率指标,选取CO_2、SO_2与SD作为非期望产出,并建立大气环境效率评价模型[29]。

通过梳理文献发现,环境效率评价方法较多,概括起来主要有距离函数法、随机前沿分析法、数据包络分析、生命周期法和多准则决策法,其优缺点详见表2-1。同时,上述方法也可归类为参数方法和非参数方法(见表2-2),非参数方法不需要对投入和产出的关系进行事先的假定,能够避免主观性,确保数据测算出来的结果更具合理性,而数据包络分析法(DEA)是非参数方法的主要代表。

表2-1　环境效率的主要评价方法

方法及代表人物	含义	不足
距离函数法(DF) Shephard(1970)	衡量实际生产效率与前沿生产水平的差距。通过建立一个产出方向的距离函数,可同时更改期望产出和非期望产出[53]。	该模型在同一个方向对两类产出进行改进,很难满足期望增加,非期望减少的预期目标。
随机前沿分析法(SFA) Aigner等(1977)	是前沿分析中参数方法的典型代表[54]。	必须确定生产函数的具体形式,易受多重共线影响。
数据包络分析(DEA) Farrell等(1989)	本着投入最小化和产出最大化的原则,建立数学规划模型计算所选评价对象的相对效率。	不限定函数的具体形式,且适用于多个决策单元,但当前模型基本形式和扩展多种,需要根据需要具体选择。
周期法(LCA) Kirkpatrick(1993)	对某一个具体的产品,分析资源、能源转化为最终产品的整个生命周期对环境产生的影响并加以量化,也被称为"摇篮"到"坟墓"的分析方法[55]。	无法将多个产品的环境能源影响整合到一个综合指标。
多准则决策法 (MCDM)	在进行环境效率评价时,应同时将成本、收益因素和大气环境、水环境、噪音等因素考虑在内。	需要评估特殊的行为过程,权重确定对结果影响较大。

表 2-2　参数方法与非参数方法的对比

	参数方法 （parametric estimation method）	非参数方法 （non-parametric estimation method）
内涵	首先需确定前沿面函数的具体形式，并通过回归分析等方法估算出效率函数的未知参数，最终确定效率前沿函数的具体形式。	通过观测同质的多个投入多个产出的决策单元，利用线性规划估计生产前沿面，分析每个决策单元的最优化。
优点	综合考虑随机因素对产出的影响作用。	可处理多个产出，含非期望产出；无需事先确定函数形式，可避免模型假设带来的计算结果的偏差。
缺点	需要事先确定估计前沿面生产函数；易受多重共线影响；当非期望产出超过约束时将不满足理论约束[56]。	对于异常值比较敏感；不能解释随机扰动；无法区分统计噪音[57]。
代表	随机前沿法（SFA），距离函数（DF）等。	数据包络分析法（DEA）。

2.2.2 大气环境效率评价指标体系的相关研究

通过对文献的整理发现，目前大气环境效率的指标选取可分为单一污染物排放指标研究和多种污染物排放指标研究。在具体文章中，不同学者会根据不同研究内容、研究方法采取不同方式处理大气污染排放物，选择不同指标作为代理指标。具体如下：

2.2.2.1 单一污染物排放指标的相关研究

以二氧化碳作为非期望产出的研究成果：王喜平和姜晔（2012）使用方向距离函数和 ML 指数模型测度中国 36 个工业行业的全要素能源效率[49]。Chang（2013）采用 DEA-SBM 模型对韩国的港口效率和减排能力进行测度[58]。马晓明等（2018）选取 2004—2015 年中国 30 个省份的面板数据，选用 Super-SBM 模型评价区域环境效率[59]。安海彦（2018）选取西部地区 11 省份的面板数据，采用非期望产出的 SBM 模型，对西部地区环境效率及环境效率变化水平进行测算[60]。

以二氧化硫作为非期望产出的研究成果:Watanabe 和 Tanaka(2007)选取 1994—2002 年的数据,对中国各省工业技术效率进行测算,并以环境规制、工业结构为解释变量,对各地区技术效率差异进行分析[61]。朱佩枫等(2014)通过使用 SBM 和 BCC 两种模型对 2007—2012 年皖江城市带承接长三角产业转移效率的测度结果进行对比分析[62]。Wang 等(2015)采用元前沿和 DEA 模型研究中国 211 个城市的环境全要素生产率[63]。汪克亮(2016)利用 SBM 模型与 ML 指数模型测度中国各省市大气环境效率,研究结果显示,中国省市大气环境效率偏低并且呈现下降的趋势[64]。

2.2.2.2 关于多种污染物排放指标的相关研究

随着环境污染问题的日益凸显,如气候变暖、温室效应、雾霾等现象严重,显然通过单一指标测算的环境全要素生产率的结果已无法实现对环境污染状况的全面评价,因此越来越多的学者尝试通过多投入多产出的角度测度中国大气环境效率。但在处理方式上,部分学者将大气污染物作为投入进行研究,部分学者将大气污染物作为产出进行研究。具体情况如下:

(1)将大气污染物作为投入要素处理的相关研究

金玲和杨金田(2014)将 SO_2、NO_x、烟粉尘作为投入指标,通过 BCC 模型从横向和纵向两个方面揭示了经济发展和大气污染排放效率之间的关系[65]。刘承智等(2016)基于 DEA-Malmquist 生产率指数,将 SO_2 和 COD 作为环境投入要素,测算 2003—2012 年中国各省份环境全要素生产率[66]。汪克亮等(2017)构建 DEA 模型测算大气环境效率,选择 SO_2 与烟粉尘作为投入指标纳入效率测度模型之中,研究结果显示,中国大气环境效率水平较低,区域异质特征突出,大气污染减排潜力巨大[67]。吴旭晓(2018)选取 COD、SO_2 作为投入指标,研究中国东部、中部、东北、西部四大区域能源环境效率[68]。

(2)将大气污染物作为非期望产出的相关研究

①选取两种大气污染物的相关研究。将 CO_2 和 SO_2 作为非期望产出的研究有:Lindmark 和 Vicstrom(2003)对 1965—1990 年全球 59 个国家的生产率进行测度,结果发现,考虑非期望产出的生产率要低于不考虑非期望产出的生产率,发达国家引入"非期望产出"的生产率变化不大[69]。郭文和孙涛

(2013)采用改进的非期望 SBM 模型测算中国工业行业的能源效率状况。结果显示,中国工业行业生态全要素能源效率总体上较低[70]。朴胜任和李健(2018)基于超效率 DEA 模型测算了环境效率,结果表明:2004—2012 年间东部、中部、西部和东北部环境效率均值差异明显,效率值大小顺序依次为:东部、东北部、中部、西部[71]。将工业 SO_2 和工业烟尘作为非期望产出的研究有:王怡和茶洪旺(2016)运用 SBM 模型测算京津冀 13 个地级城市的环境效率,结果显示:京津冀不同城市间的环境效率差异较大[72]。汪克亮等(2017)利用 SBM-Undesirable 方法测度中国省域大气环境效率,结果表明:2006—2013 年中国大气环境效率较低且区域差异明显,大气污染减排潜力巨大[64]。其他相关研究:王兵等(2010)将二氧化硫(SO_2)和化学需氧量(COD)作为非期望产出,运用 SBM 方向性距离函数和卢恩伯格生产率指标测度,研究显示:环境无效率的原因在于 SO_2 和 COD 的过度排放,东部地区的环境效率水平相对较高[17]。

②选取三种及三种以上污染物的相关研究。孟庆春等(2016)将二氧化硫、氮氧化物、二氧化碳和烟(粉)尘作为非期望产出,构建不可分的混合测度 DEA 模型,对各省份灰霾环境约束下的能源效率进行测算,结果发现 2010—2013 年中国省际能源效率差异比较大,呈现东高西低[73]。汪克亮等(2016)选取 SO_2、NO_x 与烟粉尘,选用非径向距离函数与 DEA 方法,实证考察中国 30 个省份以及八大区域大气环境绩效水平,结果表明,2006—2013 年中国各省份大气环境效率普遍较低,区域差异显著,大气污染减排潜力巨大[74]。申晨等(2017)选择 CO_2、SO_2 和 COD,采用 Super-SBM 模型测度中国省际工业环境效率,结果表明:全国效率水平呈现波动上升的趋势,其中东部地区工业环境效率高且相对稳定,中部地区近年来呈现逐渐上升,西部地区整体偏低且趋于分化[75]。黄庆华等(2018)选取 COD、氨氮、SO_2 和烟(粉)尘排放量,采用 SBM 函数和 Luenberger 生产率指数,测度中国 36 个工业行业的绿色全要素生产率,结果显示:2003—2015 年中国工业绿色全要素生产率呈波动变化总体没有上升或下降的趋势;但在 2008 年前后其波动幅度具有明显的阶段性特征,在 2008 年之前绿色全要素生产率波动剧烈[76]。

2.2.3 环境效率空间效应的相关研究

Tobler(1970)在地理学第一定理中指出：任何事物之间均相关，而距离较近的事物总比距离较远的事物相关性要高[77]。Krugman 和 Venables(1995)认为，空间效应指的是不同国家或地区之间通过不同生产要素如资本、劳动力、技术溢出以及贸易交流等在空间地理上的相互影响[78]。近些年，有学者开始关注空间效应对环境经济的影响。如 Rupasingha 等(2004)最早将空间计量方法引入环境经济的实证研究中，研究表明考虑空间因素能够增强研究的准确性[79]。Madddison(2006)以 SO_2、NOx 等污染物作为环境质量衡量指标，结果发现国与国之间的污染存在显著的空间效应[80]。Poon 等(2006)探讨模拟能源、交通和贸易与二氧化硫和煤烟颗粒物等空气污染排放物之间的关系，研究发现大气污染物排放确实存在空间效应[81]。随后越来越多的学者从国家层面、省域层面、城市层面、区域工业层面研究关于空间效应和环境经济之间的关系[82-88]，研究结果显示中国环境污染物排放的空间效应确实存在，空间因素不容忽视，一是中国环境污染物排放具有区域分布非均衡特征，具有显著负外部性特征；二是地区大气污染排放程度与地区污染行业高度集中显著相关；三是大气污染物可在不同区域之间扩散和传播，跨区域污染问题在所难免。鉴于此，国内外学者也开始逐步考虑空间效应的环境效率评价研究。

(1)区域环境效率。Mizobuchi 和 Kakamu(2007)对日本碳排放的区际溢出效应进行了研究，结果显示在空间作用的影响下，城郊地区的碳减排效率更低。刘华军和杨骞(2014)按照一定的空间尺度对不同区域进行分解，结果发现环境约束下中国 TFP 增长具有显著的空间正向溢出效应[89]。马大来等(2015)研究发现省际碳排放效率在空间上存在着显著的空间自相关性，具有明显的集群趋势，并且省际碳排放效率不仅具有空间依赖性的特征，同时也有空间异质性的表现[90]。李佳佳和罗能生(2016)发现各省市环境效率的空间分布虽有变化，但变化较小，整体呈现"东高西低"的分布特点，邻近省市之间的环境效率可能存在空间溢出效应[91]。汪克亮等(2016)研究发现：中国大气环境绩效严重偏低,空间差异特征显著,存在"强者恒强、弱者恒弱"的"马太效应"特征,先进省份与落后省份的绩效差距在扩大[74,92]。李斌和范姿怡(2016)研究发现省际环境效率呈现显著空间自相关性[93]。黄杰(2018)研究结果表明,中国省际能源环境效率呈现出显著的、复杂的空间关联网络结构[94]。王勇等(2018)研究发现,中国绿色发展存在较明显的空间自相关特征,但 2013—2016 年省域绿色发展的空间集聚程度逐渐减弱[95]。张小波和王建州(2019)研究表明,全要素能源效率对霾污染存在显著的负向影响并且具有显著的空间溢出效应[96]。

(2)区域工业环境效率。陈绍俭(2014)通过全局空间分析发现,研究期间全国各地区工业环境效率呈现高度的空间稳定性[97]。沈能(2014)在测度中国 284 个地市 2003—2010 年工业环境效率的基础上,检验工业集聚对环境效率的空间效应,发现工业集聚与环境效率在邻近区域上呈现明显的连续性和黏滞性[98]。张胜利和俞海山(2015)研究发现中国不同省份的工业碳排放效率存在显著的空间正相关性以及空间集聚特征[99]。马大来等(2017)通过计算 Moran 值和 LISA 图分析中国工业碳排放绩效的空间特征,发现区域工业碳排放绩效确实存在显著的正向空间自相关性[100]。袁荷等(2017)采用 SBM模型和 ESDA 等方法探讨江苏省工业环境效率,发现江苏省工业环境效率总体差异和空间集聚性呈缩小趋势[101]。蔺雪芹等(2019)发现中国工业资源和环境效率的空间效应分异总体呈"H"形格局,环境效率具有显著的空间正相关性[102]。

2.2.4 环境效率影响因素的相关研究

有研究学者发现,能源节约和环境保护的可持续性与生产效率存在高度的相关性,即应将环境因素纳入环境效率评价体系中[103]。目前有较多学者从不同角度、不同方法对环境效率的影响因素进行分析。

Zaim 等(2000)验证了环境库兹涅茨曲线的存在[33]。Fleisher 等(2010)研究发现人力资本、外商直接投资会直接或间接的影响全要素生产率增长[104]。钱争鸣和刘晓晨(2014)基于非参数条件效率模型研究环境管制对绿色经济效率的影响,研究结果表明环境管制对提升经济效率存在时滞性,但长期来看环境管制对三大区域的技术进步有显著的促进作用,能够推动产业结构优化升级,促进区域绿色经济效率的提升[105]。梅国平等(2014)通过空间计量模型考察了环境全要素生产率的不同因素影响,研究结果表明不同影响因素对环境全要素生产率的影响不同,经济发展水平、外商直接投资与科技创新呈现显著的正向作用,要素禀赋结构、产业结构以及能源消费结构呈现显著的负向;而政府环境规制的影响并不显著[106]。李小胜等(2014)、李小胜和宋马林(2015)采用空间面板 Tobit 回归模型,结果显示人均收入能有效提高环境全要素生产率水平,存在环境全要素生产率的“EKC”曲线,技术进步始终是环境全要素生产率增长的积极原因[107,108]。于伟和张鹏(2015)通过随机前沿分析法探讨中国省域污染排放效率的影响因素分析,结果表明区域产业结构、开放度、城镇化水平、创新能力和教育发展水平有助于提高污染排放效率,但能源结构和市场化程度则存在抑制作用[109]。张金灿和仲伟周(2015)运用随机前沿方法进行实证分析。结果表明研发投入、产业结构、开放度与碳排放效率正相关,而能源结构与碳排放效率负相关[110]。杨文举(2015)通过省份工业的跨期 DEA-Tobit 实证分析,地区经济发展水平、企业规模结构、对外开放度和环境规制水平与工业环境绩效正相关,而行业结构和能源投入强度呈负相关,但是科技投入水平的影响不明确[111]。吴先华等(2016)运用 Tobit 模型,结果显示大气环境效率和第二产业占比、煤炭消耗量比重、汽车保有量显著负相关,与人均 GDP 显著正相关[112]。何为等(2016)以天津市为研究对象,借助 Tobit 模型对影响因素进行分析,结果为人均 GDP 和产业结构对大气环境效率的影响不显著,贸易开放能显著促进大气环境效率水平的提高[113]。汪克亮等(2017)利用系统广义矩估计方法对长江经济带大气污染排放效率的影响机制进行分析,结果表明经济增长、提升第三产业比重、增加 R&D 投入强度、改善能源消费结构、提高对外开放水平对于长江经济带大气污染排放效率的提升均有明显促进作用[114]。吴敏洁等(2018)采用固定效应模型研究 R&D、FDI 和出口三个因素对制造业环境全要素生产率的影响,结果显示 R&D、FDI 和出口对东部地区呈现显著抑制作用,出口却对中、西部地区呈现显著促进作用,而在良好的教育环境下,R&D 和 FDI 能够有效促进中、西部地区环境效率水平的提高[115]。苏伟洲等(2018)通过 Tobit 模型对工业环境效率的影响因素进行了回归分析,研究表明人均 GDP、产业结构、人口密度显著带动"一带一路"沿线省市区工业环境效率水平的提高,对外贸易水平和环境规制却显著抑制了工业环境效率水平的提高,而地区生产总值占比、贸易依存度的影响则不显著[116]。周利梅等(2018)利用 2011—2015 年福建省九个地级市数据,构建 Panel-Tobit 模型研究其影响因素,结果表明人均 GDP 和外贸水平对环境效率有负向作用,而 FDI 则有积极作用,产业结构和环境治理投资的作用还不显著[117]。安海彦(2018)对影响环境效率的因素进行 Tobit 回归,结果发现:环境规制强度和环境治理能力对西部地区环境效率具有促进效应,经济发展水平、产业结构和能源消费结构显著地抑制了西部地区环境效率水平[60]。车国庆(2018)利用空间面板 Tobit 模型识别和检验中国地区生态效率的因素研究发现:全国层面来看,环境规制对生态效率的影响为正,但不显著;产业结构、贸易开放程度、外商直接投资、城市化率对生态效率负向影响,金融发展、R&D 经费内部支出对生态效率的影响为正,但影响不显著;人均实际 GDP 对生态效率具有负向的影响,但影响不显著[118]。蔺雪芹等(2019)基于空间效应构建工业资源和环境效率影响因素分析模型,研究表明:对外开放的影响显著为正、环境规制的影响显著为负,但二者对环境效率的影响均呈现逐步不显著;劳动生产水平能够显著提升环境效率水平;工业企业尤其是大中型企业数量的增多对环境效率有显著抑制作用[102]。温湖炜和周凤秀(2019)采用双重差分法实证检验市场激励型环境规制对绿色全要素生产率的影响,结果表明环境规制对绿色全要素生产率呈现显著的影响,支持"波特假说";差别化排污标准政策有利于省域绿色全要素生产率的提高;政策的作用效果存在时滞效应[119]。

表 2-3 部分学者关于环境效率影响因素分析的指标选取及影响方向的研究

指标类型	具体指标(影响方向)
经济发展水平	经济增长(＋或－);经济发展水平(＋);人均收入(＋);人均GDP(＋或－)
技术进步	科技投入水平(专利申请授权量:＋或－);科技创新(各省份科技活动经费占 GDP 的比重:＋);研发投资(区域 R&D 投入与区域 GDP 的比值:＋);创新能力(万人均专利数:＋);R&D 强度(研发投入总量占 GDP 比重:＋);自主创新(专利授权数量)和技术引进(国外技术引进合同经费构建的"技术引进存量")(＋);不变价万元 GDP 能耗(－)
政府参与	环境规制/政府干预(各省份污染治理强度:－或＋)/(用各省份排污费收入占 GDP 比重);环境治理能力(各省工业 SO_2 去除率衡量:＋)或(环境污染治理设施建设的资金投入);宏观环境政策的变量(各地区污染治理投资占生产总值的比重)(－)
产业结构	产业结构高级化(第三产业产值和第二产业产值的比值:＋);第三产业比重(各省份第三产业增加值占 GDP 的比重:＋);第二产业总产值占 GDP 比重(－);技术产业(－);产业结构优化(＋或－)
对外因素	对外开放开放水平(进出口贸易总额占 GDP 的比值:－或＋)/(出口贸易额);贸易开放度(货物进出口总额:－或＋);FDI(外商投资企业年末投资总额:＋或－)、出口(－);外商直接投资强度(－)
能源等资源使用方面的指标	能源投入强度/能源消耗因素(能源消费总量占 GDP 的比重:－);能源消费结构或煤炭消耗比重(煤炭消费量占(一次)能源消费总量:－);汽车保有量(－)
公众参与程度	各地区环境信访数量(－);环保意识(人均受教育年限)(＋)
区域要素禀赋水平	资本/劳动(人均资本:－)

通过对以上梳理可知:不同学者因研究角度、研究时间、研究内容、研究领域等不同所关注的影响因素重点和指标也不同,得到结果也存在差异,但总体而言,当前环境效率影响因素主要有经济发展水平、技术进步、工业产业结构、政府环境规制、外商直接投资、能源消耗、人力资本以及公众参与度等,具体各因素的作用方向与影响程度详见表 2-3。

2.2.5 文献述评

目前学术界关于环境效率的研究成果较为丰富,为本书的研究奠定了坚实的理论基础,但部分研究内容仍可进一步深入,部分研究方法可进一步改进。

第一,大气环境效率的研究领域需要细化。目前,大气环境效率研究单元以行政区域为主,研究结果显示各行政区域总体的大气环境效率情况为各区域打赢蓝天白云攻坚战提供了决策参考,但仍然缺乏以区域工业为研究单元的大气环境效率的测度分析、空间特征分析、影响因素分析,即目前关于工业的大气环境效率的研究还处于空白。

第二,工业大气环境效率的评价指标体系有待统一。首先,现有部分研究仍有将环境污染物作为投入要素,认为环境污染物与投入要素是一样的,越少越好。但在实际生产过程中发现,生产规模的扩大,资源的消耗增加,环境污染成本会越来越大,显然将环境污染物作为投入要素违背了真实的投入产出关系,容易造成研究结果的偏差。其次,部分研究已将大气污染物排放作为非期望产出要素进行研究,但对大气污染排放物排放指标选取尚未形成一致意见,存在一定的主观性。

第三,工业大气环境效率的测度方法可进一步改进。DEA 模型能够有效解决多投入多产出问题,客观测度投入产出效率,且目前已广泛应用于环境效率评价领域。但目前 DEA 模型在环境效率评价中还存在以下几个问题:(1)传统 DEA 模型的目标是投入越小越好,产出越大越好,而现实的生产情况肯定会存在非期望产出,显然这是不符合实际生产过程的,即传统 DEA 模型无法处理非期望产出存在的情况。(2)部分学者采用非期望产出 SBM 模型评价大气环境效率,有效地解决了传统 DEA 模型径向和角度问题,同时也将非期望产出与期望产出放在了同等的位置上。但非期望产出 SBM 模型测算出来的结果常常会同时出现多个有效决策单元,不利于决策单元的相对效率排序,无法有效衡量最佳决策单元与最劣决策单元之间的差距。(3)尽管超效率 SBM 模型实现了效率值排序问题,但该模型所评价的决策单元未在同一个参考前沿面,导致其排序的参考标准就不一致,那么所得的效率值的排序结果会存在一定的不合理性。

第四,工业大气环境效率的影响因素及其作用机理缺乏深入剖析。前文详细回顾了关于环境效率的影响因素的研究成果,众多学者从不同视角、不同维度探讨了不同因素对大气环境效率影响,得到许多具有现实意义结果,但同时也仍存在以下问题:(1)对大气环境效率内部和外部影响机制分析不够系统,因素指标选取主观性强,导致部分因素研究结果存在显著差异;(2)环境规制指标不够全面,现有环境规制指标侧重政府环境治理的某一特定方面,较少同时考虑命令控制性政策工具、市场激励性政策工具以及公众参与型政策工具,显然这样的研究结果无法全面刻画政府环境治理的全貌。(3)在影响因素的研究方法上,现有研究较少考虑被解释变量的数据特征而直接采用面板数据模型或多元回归模型,可能导致研究结果有偏和不一致[120]。

第五,鲜有研究针对工业大气环境效率的工业发展效应进行分析。现有环境效率的研究成果主要集中在环境效率测度、特征分析以及影响因素探究,而环境效率的工业发展效应研究仍处于空白。环境效率评价的目的是寻求有区域差异性的环境污染防治政策实现工业经济与环境保护的协调发展,因此仅仅探讨环境效率的影响因素是不够的,还需要进一步探讨环境效率提升所带来的环境优势对经济、社会产生的价值。

第 3 章

工业大气环境效率概念界定
和测度方法改进

　　本章在梳理了全要素生产率、环境效率等概念的基础上,提出工业大气环境效率概念和内涵,为后续指标体系构建和评价方法选取提供分析框架。其次,通过对现有环境效率评价方法(以数据包络分析法为主)进行梳理并做对比分析,归纳总结了当前数据包络分析法在环境效率测算方面存在的优点及不足,并针对现有测算方法存在的不足,即无法兼顾解决非期望产出和实现在同一个前沿面对决策单元进行有效排序的问题,对非径向非角度的非期望产出 SBM 模型(SBM-U 模型)进行改进,提出虚拟前沿面 SBM-U 模型,并论证和阐述其优点。

3.1 工业大气环境效率概念界定

3.1.1 全要素生产率的界定

3.1.1.1 效率的概念

效率是现代经济管理理论中的核心问题。早期,学者对效率的定义主要围绕经济方面,如萨缪尔森在《经济学》中把效率定义为在既定的投入和技术条件下,实现经济资源的最大化使用。马克思将效率视同为生产率,认为生产率一般指劳动、资本、固定资产等资源开发利用的效率。哈佛大学经济学家Zvi Griliches(1979)认为经济效率就是投入产出比[121]。Kendrick(1984)认为效率是产出与劳动及其他投入在企业水平上的比率。后来,随着社会的不断发展,科学技术的进步,人们对资源的利用不断增加,能源出现耗竭,环境问题凸显,学术界研究重点逐步由经济效率问题转向能源效率、环境效率等问题,效率理论的研究逐步得到深入和扩展。

3.1.1.2 全要素生产率的概念

效率研究中,生产率的研究和应用最为广泛。根据生产过程中要素投入数量的不同,将生产率分为单要素生产率和全要素生产率两种。

单要素生产率(single factor productivity),顾名思义,就是只考虑产出量与单一生产要素的关系,如劳动生产率、资本生产率、土地生产率等。该方法的优点是直观、计算简单且操作性强,适用于特定情况下效率问题研究,但该方法缺点却十分明显,一是忽略了产出是所有要素投入共同结果,未全面反映实际的生产过程;二是忽略投入要素之间相互替代,进而导致生产率的测算和评价不够准确[122];三是单要素生产率可能不符合经济现象,如劳动生产率就仅仅考虑劳动力数量,忽略劳动投入的质量,这与实际情况存在明显差异。

全要素生产率(Total Factor Productivity,TFP)则是衡量产出与全部要素投入量的比值。荷兰学者 Tinbergen 在 1942 年提出全要素生产率概念[123]。Hiam Davis 在 1954 年《生产率核算》的书中首次定义全要素生产率内涵,认为全要素生产率包括所有的投入要素效率,即包括劳动力、资本、原材料和能源等。美国经济学家 Solow(1957)在《技术进步与总量生产函数》一文中将全要素生产率定义为将除去所有有形生产要素以外的纯技术进步的生产率的增长[124]。美国经济学家 Kendrick(1961,1973)对全要素生产率的概念做了进一步的完善,认为经济增长的源泉是全部要素生产率的产出和投入之比[125,126]。Jorgenson(1996)认为"余值或我们忽略的度量"才是全要素生产率,并认为"技术进步或知识更新"是全要素生产率变化的主要来源。Fare 等(1994)首次使用 DEA 模型实现全要素生产率动态分离,进一步分解为技术进步、技术效率和规模效率[127]。Kumbhakar(2000)使用随机前沿法计算全要素生产率,并将其分解为技术进步、技术效率、规模效率和配置效率[128]。目前全要素生产率理论已在金融、能源和政策等方面取得了丰硕的研究成果[129-132],广泛应用于区域、国家、农业、医疗业、制造业等领域[133-135]。近年来关于中国的全要素生产率问题的研究成果也非常丰富[136,137]。

3.1.2 环境效率概念

环境效率基本上等同于生态效率[138-140],最早可追溯到 70 年代。Schaltegger 等(1990)最早给出了明确定义,即生态效率为经济增加的价值与环境影响增加值的比值[141]。1992 年世界可持续发展工商理事会(WBCSD)在《改变航向:一个关于发展与环境的全球商业观点》中首次正式确定"环境效率",即在满足人类高质量生活需求的同时,将整个生命周期对环境的影响控制在地球的承载范围内[142]。随后各国际组织(OECD、UKEP 等)和学术界对环境效率(生态效率)进行多种形式的定义(见表 3-1)。国际组织对环境效率(或生态效率)的定义可归纳为三个目标:最少的资源投入、最大的经济产出、最小的环境污染排放。同样,国内外不少学者也对环境效率进行定义(见表3-2),其概念的主要思想都是围绕资源消耗最小化、污染排放最小化,经济产出最大化[143]。

表 3-1 国际组织对环境效率(或生态效率)的定义

组织或机构	定义
世界可持续发展工商理事会 (WBCSD)1992	在满足人类高质量生活需求的同时,将整个生命周期对环境的影响控制在地球的承载范围内。
世界经济合作与发展组织 (OECD)1998	产品或服务的经济价值与生产活动产生的环境污染或环境破坏的总和的比值。
联合国环境项目组(UKEP)	在既定资源和能源条件下创造的产品和服务的价值总和。

续表

组织或机构	定义
欧洲环境署(EEA)	创造的福利与自然界投入的比值。
国际金融公司(IFC)	在既定产出的条件下,通过有效的生产方法增加资源的可持续性。
大西洋发展机会部(ACOA)	减少资源使用、污染排放,同时创造高质量的产品和服务。
巴斯夫集团(BASF)	生产过程使用最少的材料和能源,同时污染排放尽可能少。
加拿大工业部(IC)	一种以成本最小化和价值(包括产品和服务)最大化为目的的管理方法。
联合国贸易与发展会议(UNCTAD)	实现股东财富保值、增值的同时,尽可能降低对环境造成的负面影响。
澳大利亚环境与遗产部	同时兼顾自然资源、能源使用最小化和产品、服务价值最大化两个目标。

表 3-2　国外学术界对环境效率(或生态效率)的定义

作者,年份	定义
Schaltegger 等,1990	经济增加的价值与环境影响增加值的比值[141]。
Lehni,1998	力求实现最少的资源和环境投入,创造更多的经济价值[144]。
Reinhard 等,2000	在既定的投入、产出以及技术水平下,可能实现的最小化环境污染指标值与当前指标值的比值[35]。
Muller 和 Sturm,2005	从事经济活动的环境影响与所创造的经济价值的比值[145]。
Kuosmanen 等,2005	生产活动的经济增加值与其环境外部负面影响的比值[146]。
Scholz 和 Wiekl,2005	经济绩效的提高与环境绩效的提高的比值。
Kortelainen M,2008	价值增加值与由此带来的环境破坏损失的比值[147]。
Zhang,2009	在既定投入产出水平下,当前环境污染排放量与其最优排放量之间的距离[41]。

　　国内关于环境效率(或生态效率)的研究起步较晚,相关思想于 20 世纪末才由李丽平(2000)引入中国[148],随后越来越多的学者投入环境效率(或生态

效率)研究。戴玉才(2005)把环境效率定义为单位环境负荷下产生的产品和服务的总价值[149]。吕彬(2006)认为生态效率是环境效率与经济效率二者的统一[150]。王大鹏(2011)把环境效率定义为产品或服务的价值与污染所造成的影响的比值[151]。郭文(2013)以生产系统前沿面为基础,把环境效率定义为参照环境生产前沿面的决策单元,其他决策单元的环境污染物排放量潜在的压缩空间[70]。张子龙等(2015)认为环境绩效是指工业系统创造单位价值产生的环境影响的大小[152]。

总之,尽管学者会因研究的领域、范围和内容的对环境效率定义或者提法有些许不一样,例如单位环境影响的生产价值、单位生产价值的环境影响、单位环境改善的成本和单位成本的环境改善等[153],但其本质是相同的,都可表示为经济效益或社会效益与环境代价的比值,核心思想是一致的,均为创造经济价值的同时,实现尽可能少的投入和尽可能少的污染排放。

3.1.3 工业大气环境效率概念

近年来,全球气候变暖、中国多地区出现十面"霾"伏等气候问题引起民众和政府高度关注。针对大气环境问题,学术界也开展了大量研究和论证,分析大气环境污染根源和形成政策建议,进而有效控制大气环境恶化。已有研究成果中,部分学者在环境效率概念的基础上对大气环境效率进行定义:牛秀敏(2016)认为碳排放效率是在劳动、资本和能源投入不变的情况下,所能得到的最大 GDP 和最少 CO_2 排放[154]。吴先华(2016)把大气环境效率定义为经济发展需要付出的环境代价(污染物排放量)[112]。汪克亮(2017)把大气污染排放效率定义为经济增加值与大气污染排放总量的比值[67]。丁镭等(2019)认为大气环境效率是指在一定时间内区域生产者利用各种要素进行经济活动所付出的大气环境代价(污染物排放)[82]。上述大环境效率的定义主要指经济发展成果与环境代价比值,定义简单明了,容易选取指标进行衡量对比,但上述定义以结果为导向,仅仅关注经济产出和环境成本,容易导致追求环境效率而忽略要素投入成本。

鉴于此,本书在参考大气环境效率概念的基础上,认为工业大气环境效率是工业全要素大气环境效率,是衡量工业生产和工业大气环境协调可持续发展的效率指标,指在一定技术条件下和时间内,经济、环境复杂生产系统中的区域生产者利用生产要素进行工业生产活动所得到的经济效益和所付出的大气环境成本,即工业大气环境效率是指在有限的工业要素投入下,尽可能实现最大化工业经济产出和最小化工业大气污染物排放。

工业大气环境效率的核心是实现工业经济绿色发展。改革开放四十年多来,中国工业经历了高速发展,生产力水平得到极大提升,创造了巨大的物质财富,但不可避免地产生环境污染,使得经济发展与环境保护处于不协调状态,因而,降低工业污染、加强环境保护就显得尤为重要。然而,中国仍然是全球最大的发展中国家,正处于社会主义初级阶段,且中国工业尚未实现高端升级,这就必然要求"坚持发展才是硬道理""牢牢扭住经济建设这个中心"新时代指导思想,但发展必须付出环境成本,一味地追求环境保护,强调大气污染物零排放必然会阻碍工业发展的进程。因此工业大气环境效率作为工业生产和大气环境可持续发展度量指标,其核心是度量工业发展过程中要素投入与经济产出、环境污染效率,协调工业发展的现实需要和发展造成环境破坏的矛盾,实现工业经济绿色发展,降低单位工业经济产出的要素和环境投入成本。

工业大气环境效率的目标是实现大气环境保护与工业经济发展的持续发展。大气环境问题的根源是经济发展消耗环境资源和排放污染物超过当前环境承载范围。但唯物辩证法揭示任何事物都是对立统一的,工业经济发展和大气环境保护(零污染)是对立的,即在一定条件下,工业经济发展和环境保护却又是统一的。工业大气环境效率内在要求是通过转变工业发展生产方式,摆脱高投入、高污染、高排放、低效率的粗放型增长模式,推进高效、无废、无污染的绿色生产,提高资源的转化率,最大程度地降低污染物排放,实现在有限的工业要素投入下,尽可能实现最大化工业经济产出和最小化工业大气污染物排放,实现工业经济发展和大气环境保护协调发展的目标。

3.2 工业大气环境效率测度模型的提出

通过上节定义可知,工业大气环境效率实质就是工业全要素大气环境效率,因此工业大气环境效率评价可采用数据包络分析法、距离函数法、随机前沿分析法、生命周期法等分析方法。同时根据本书 2.2.1 关于环境效率评价方法的优劣对比可知,数据包络分析法在环境效率测度上具有非参数设定、非期望产出处理等优势,应用相对广泛。鉴于此,本书拟采用数据包络法(DEA)测度中国工业大气环境效率。

3.2.1 DEA 模型简介

3.2.1.1 生产前沿面

如图 3-1,横轴 X 代表要素投入量,纵轴 Y 代表产出量。在既定的技术条件下,投入 X_1,产出最大量 Y_1;投入 X_2,产出最大量 Y_2;依此类推,投入 X_N,产出最大量 Y_N,由点集 (X_1, Y_1),(X_2, Y_2),……,(X_N, Y_N) 构成的曲线 $F(X)$。$F(X)$ 为既定的技术条件下投入要素 X 的一个生产可能性边界,即生产前沿面,函数 $F(X)$ 为前沿面函数。也就是说生产前沿面就是在既定的技术条件下,一组投入要素所能达到的最大产出所构成的生产可能性边界。

3.2.1.2 标准的 DEA 模型

1978 年美国著名运筹学家 Charnes、Cooper 和 Rhodes 基于 Farrell (1957)的效率评价理论[1]的基础上首次提出数据包络分析方法(Data Envel-

---

①　Farrell(1957)将效率定义为决策单元的实际生产点与生产系统整体前沿面的距离[1]。

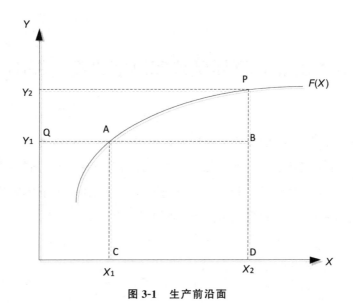

图 3-1　生产前沿面

opment Analysis，DEA)[155]。该方法的主要原理是构建观测数据的生产前沿面，然后将各个决策单元投影到生产前沿面上，并通过比较决策单元偏离有效前沿面的距离来确定他们的相对有效性，最后判断决策单元的相对效率值大小，进而找出最优决策单元与最劣决策单元之间的差距。DEA 模型是当今用于测算相对效率中较为流行的评价工具，主要优势在于能够同时处理多个投入多个产出。

　　DEA 构造的生产前沿面是一个多面凸维，紧紧包括全部有效的观测数据点，满足生产可能集公理体系的凸性、锥性、无效性和最小性假设。如图 3-2 所示：假设存在 A、B、C、D、E 共五个决策单元，其中有两个投入(X_1，X_2)一个产出(Y)，这五个决策单元的产出均为 1，投入各不相同，其中 A、B、C、D 处于生产前沿面上，属于有效决策单元，效率值为 1，说明此时投入产出实现最大化，经济活动具有效率，资源得到充分使用。E 不在生产前沿面上，属于无效决策单元。决策单元 E 在有效前沿面上的投影为 C，因此决策单元 E 的效率值为 OC/OE，故可以通过调整投入要素的数量使得 E 决策单元落在有效前沿面上，即缩小决策单元 E 的投入量，此时认为经济活动是无效率的，资源并没有得到充分利用，现有的投入没有实现最大的产出，因此可以通过减少投入量来获得当前的产出量。

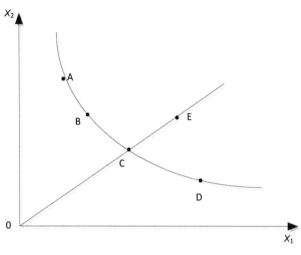

图 3-2　DEA 基本模型

（1）CCR 模型

CCR 模型（C^2R）是 Charnes、Cooper 和 Rhodes 提出的第一个 DEA 模型[155]，如下式（3-1）。CCR 模型是不变规模报酬的假设下测算决策单元相对投入产出效率。

假设存在 k 个 DMU 单元，每个 DMU 单元有 m 种投入，用 x_i 表示，n 种产出，用 y_r 表示，$X = [x_1, \cdots, x_k]^T$ 和 $Y = [y_1, \cdots, y_k]^T$ 分别表示 DMU 单元的投入和产出矩阵，u、v 为产出和投入的权重向量。以投入导向的 CCR 模型为例。

基于投入导向的 CCR 模型：

$$\max \frac{\sum\limits_{r=1}^{n} u_r y_{r0}}{\sum\limits_{i=1}^{m} v_i x_{i0}}$$

$$\text{s.t.} \frac{\sum\limits_{r=1}^{n} u_r y_{rj}}{\sum\limits_{i=1}^{m} v_i x_{ij}} \leqslant 1, \forall j$$

$$u_r, v_i > 0, \forall r, i$$

$$（3-1）$$

（2）BCC 模型

因在实际生产生活中存在规模效应，Banker、Charnes 和 Cooper 于 1984 年将 CCR 模型进行改进[156]。把条件假设为规模报酬可变，加入了权重向量为 1，构建了 BCC（BC²）模型。以投入导向的 BCC 模型为例。

基于投入导向的 BCC 模型：

$$\max \frac{\sum_{r=1}^{n} u_r y_{r0} - \mu_0}{\sum_{i=1}^{m} v_i x_{i0}}$$

$$\text{s.t.} \frac{\sum_{r=1}^{n} u_r y_{rj} - \mu_0}{\sum_{i=1}^{m} v_i x_{ij}} \leqslant 1, \forall j \tag{3-2}$$

$$u_r \geqslant 0, v_i \geqslant 0, \mu_0 \text{ 无约束}$$

CCR 模型和 BCC 模型作为 DEA 模型的两个经典基本模型，区别有以下两点：一是 CCR 模型假定不变规模报酬条件下测算决策单元相对投入产出效率，BCC 模型则是假定在可变规模报酬条件下测算决策单元相对投入产出效率。二是有效的 CCR 模型能同时反映规模有效和技术有效，而 BCC 模型只反映技术有效。同时，CCR 模型和 BBC 模型都是基于径向和角度的方向性距离函数，未充分考虑模型的投入和产出的松弛问题，导致模型应用受到限制。针对该问题，众多学者在标准模型的基础上提出了各种衍生模型。本书接下来主要介绍 SBM 模型、非期望产出 SBM 模型、超效率 SBM 模型。

3.2.1.3 SBM 模型

传统 DEA 模型未考虑投入产出松弛问题，为避免评价结果的不准确性，且确保评价结果更符合现实的生产活动，Tone（2001）提出了一种考虑到投入与产出中松弛变量的非径向非角度的 SBM（Slacks-Based Measure）模型[157]。SBM 模型如下：

$$\rho = \min \frac{1 - \frac{1}{m} \sum_{i=1}^{m} \frac{s_i^-}{x_{i0}}}{1 + \frac{1}{n} \sum_{r=1}^{n} \frac{s_r^+}{y_{r0}}}$$

$$\text{s.t.} x_{i0} = \sum x_{ij} \lambda_j + s_i^-$$

$$y_{r0} = \sum y_{rj} \lambda_j - s_r^+$$

$$\lambda, s^-, s^+ \geqslant 0$$

$$i = 1, 2, \cdots, m; r = 1, 2, \cdots, n; j = 1, 2, \cdots, N \qquad (3\text{-}3)$$

其中 m、n、x_i、y_r 表示含义同 CCR 基本模型，N 决策单元总数，λ、s^-、s^+ 分别为权重、投入松弛变量和产出松弛变量。

SBM 模型的主要特点是直接将松弛变量放入目标函数中，在一定程度上解决了传统 DEA 模型中径向和角度的问题，在效率测算研究中能够较好地避免径向和角度选择所带来的偏差和影响，相对来说能够更好地评价效率。然而，在实际生产过程中，不仅仅存在期望产出，同时也会存在非期望产出，如在一个工业炼钢厂，其生产过程既生产钢材（期望产出），还会排放大量的废水、废物、废气等非期望产出，而 SBM 模型并不能将实际生产过程中的废水、废气等非期望产出纳入评价范围，造成评价结果的准确性不够。

3.2.1.4 非期望产出 SBM 模型

实际生产过程中，决策单元不仅有"好"的产出（期望产出），同时也有"不好"的产出（非期望产出），因此全要素效率测度必须考虑如何解决非期望产出的问题。为了解决非期望产出存在的效率评价问题，Tone(2004)在 SBM 模型的基础上提出了非期望产出 SBM(也称 SBM-Undesirable)模型[158]：

$$\rho = \min \frac{1 - \frac{1}{m} \sum_{i=1}^{m} \frac{s_i^-}{x_{i0}}}{1 + \frac{1}{q_1 + q_2} \left(\sum_{r=1}^{q_1} \frac{s_r^+}{y_{r0}} + \sum_{t=1}^{q_2} \frac{s_t^{b-}}{b_{t0}} \right)}$$

$$\text{s.t.} x_{i0} = \sum x_{ij} \lambda_j + s_i^-$$

$$y_{r0} = \sum y_{rj} \lambda_j - s_r^+$$

$$b_{t0} = \sum b_{tj} \lambda_j - s_t^{b-}$$

$$\lambda_j, s^-, s^+, s^{b-} \geqslant 0$$

$$i = 1, 2, \cdots, m; r = 1, 2, \cdots, q_1; t = 1, 2, \cdots, q_2; j = 1, 2, \cdots, N \tag{3-4}$$

其中 m、x_i 含义同 CCR 基本模型，y_r、b_t 表示期望产出、非期望产出，q_1 和 q_2 分别为期望产出（好产出）和非期望产出（坏产出）总数，λ、s^-、s^+、s^{b-} 分别为权重矩阵、投入、期望产出、非期望产出的松弛变量，N 为决策单元总数。

非期望产出 SBM 模型已被广泛用于各种效率评价中，如 Song 等（2013）通过采用非期望 SBM 模型对 1998—2009 年中国各省的环境效率进行测量[159]。Li 等（2013）采用非期望产出模型对北京 2005—2009 年的环境规制效率进行研究[160]。潘丹和应瑞瑶（2013）运用非期望产出的 SBM 模型研究了 1998—2009 年中国 30 个省份的农业生态效率[161]。李小胜等（2014）采用考虑非期望产出的数据包络模型研究中国环境全要素生产率[107]。张子龙等（2015）利用非期望产出 SBM 模型对 2003—2011 年中国 30 个省市的生态效率进行评价[152]。郭炳南和林基（2017）采用非期望产出 SBM 模型测度 1997—2014 年长三角地区的碳排放效率水平[162]。武佳情等（2018）运用非期望产出 SBM 模型探讨中国省际能源效率和碳减排潜力的差异[163]。通过文献梳理发现，当前采用非期望产出 SBM 模型测算的决策单元经常出现多个效率值为 1，无法较好地筛选出标杆性的决策单元，无法实现决策单元的相对效率合理排序[163]。

非期望产出 SBM 模型能够有效地同时解决变量松弛问题及非期望产出问题，但其计算结果常常会同时出现多个有效决策单元，不利于决策单元的相对效率值的排序，即无法对多个有效决策单元进行排序，无法筛选出最优决策单元，从而导致无法有效衡量最佳决策单元与最劣决策单元之间的差距，进而无法有效为决策者、管理者提供有价值的参考意见。

3.2.1.5 超效率 SBM 模型

为了实现对有效决策单元的有效排序，Andersen 和 Petersen（1993）在 CCR 模型的基础上提出超效率 DEA 模型（Super-efficiency data envelopment analysis，SE-DEA 模型），该模型能够对所有效率值的决策单元进行排序[164]。SE-DEA 模型的主要原理是：在评估第 i 个决策单元时，将该决策单元排除在外,用其他决策单元输入和输出的线性组合来代替他的输入输出,从而原来有效的决策单元就会出现大于 1 的情况,进而区分决策单元的排序,对于无效的决策单元,不再对其进行任何操作(见图 3-3)。

从图 3-3 中可以更为直观地阐释超效率 DEA 模型的计算原理。A、B、C、D 四个决策单元进行评价时,当运用超效率 DEA 模型评价决策单元 A 时,生产前沿面参考集为{B,C,D}。当评价决策单元改为 B 时,生产前沿面参考集又变为{A,C,D}。也就是说,当计算决策单元为 A 时,决策单元 A 被从参考集中去掉,新的参考集改变为 B、C、D。可见超效率 DEA 模型的测算结果实现了有效排序,但其测算结果不在同一个参考集。

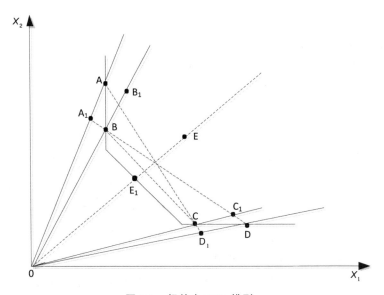

图 3-3　超效率 DEA 模型

具体 SBM 模型下的超效率模型如下:

$$\rho = \min \frac{1 - \frac{1}{m} \sum_{i=1}^{m} \frac{s_i^-}{x_{ik}}}{1 + \frac{1}{n} \sum_{r=1}^{n} \frac{s_r^+}{y_{rk}}}$$

$$\text{s.t.} x_{ik} \geqslant \sum_{j \neq k} x_{ij} \lambda_j + s_i^-$$

$$y_{rk} \leqslant \sum_{j \neq k} y_{rj} \lambda_j - s_r^+$$

$$\lambda,s^-,s^+\geqslant 0$$

$$i=1,2,\cdots,m;r=1,2,\cdots,n;j=1,2,\cdots,N(j\neq k) \tag{3-5}$$

其中 m、n、x_i、y_r 表示含义同 CCR 基本模型,N 决策单元总数,λ、s^-、s^+ 分别为权重矩阵、投入、产出的松弛变量,N 为决策单元总数。

可见,超效率 SBM 模型实现了效率值排序问题,但该模型是通过最优评价单元与最优前沿面生产能力的比值确定各单元的排序问题,未考虑到与最劣前沿面的相对效率,显然这种只考虑决策单元最优的一面,没有考虑决策单元最劣的一面,其测算结果具有片面性[165]。与此同时,其所评价的决策单元未在同一个参考前沿面,且其排序的参考标准也不一致,进而导致所得的效率值的排序结果存在一定的局限性。

3.2.2 虚拟前沿面 SBM-U 效率评价模型的提出

3.2.2.1 问题的提出

目前 DEA 模型对于环境污染物的处理方式有两种:一种是将环境污染物作为投入要素处理,认为环境污染物与投入要素是一样的,越少越好。这种将环境污染物作为投入要素的处理方法虽然实现了将非期望产出纳入生产模型,但不符合真实的投入产出关系,容易造成研究结果的偏差,还违背了有界生产可能集和投入强可处置性的理论假设[166]。另一种是将环境污染物作为非期望产出,并将其与期望产出同时纳入生产模型,认为要提高环境效率应尽可能实现最大经济产出,减少非期望产出。显然第二种处理方式更符合实际生产需要。

现有环境效率研究中,非期望 SBM 模型应用较为普遍,然而在测算结果中常常会同时出现多个有效决策单元,即当同时出现多个决策单位效率值为 1 的情况时,将导致决策者无法有效区别强有效和弱有效的决策单元。而环境效率测算的目的在于为决策者制定有差异性的管理决策提供科学依据,因此需要清楚地掌握每个被评价决策单元的现实排序,以便认清现状,从而实现通过与最优决策单元进行对比分析,认识到与其他决策单元的相对差距,为其他非有效决策单元的改进提供参考,而非期望 SBM 模型难以达到要求。比如,通过对中国工业大气环境效率评价,了解各省市工业大气环境效率综合位次,通过借鉴最优省市的先进管理经验提升其他省市的工业大气环境效率,但若评价模型不能对有效决策单元进行区分,识别出最优工业大气环境效率省市,那么决策者将无法根据所测算的结果做出精准的判断,从而导致其参考结果可能出现偏差。其次,现实应用中,学者常常将效率值作为因变量进行因素分析或者其他定量研究,但效率值为 1 的决策单元既可能是强有效单元,也可能是弱有效单元,如果将其直接作为被解释变量带入计量模型会忽略强弱有效单元差异,导致估计结果出现偏差,尤其是样本较小而有效单元占比相对较高时。此外,尽管当前超效率 SBM 模型能够有效解决同时存在多个有效决策单元的问题,但该方法测算得到的决策单元效率值并非参考同一生产前沿面,故其排序结果存在一定的不合理性。

　　基于此,本书借鉴卞亦文等(2013)和 Cui 和 Li(2014)提出的虚拟完全包络面的效率评价方法[①][167,168],对非期望产出 SBM 模型进行改进,提出虚拟前沿面的非期望 SBM 模型(Virtual Frontier SBM-Undesirable,简称虚拟前沿面 SBM-U)。该模型既解决了非期望产出存在的效率评价问题,也确保了所有决策单元都在同一个前沿面进行评价,实现了所有决策单元在时间维度上和空间维度上的对比分析,同时还有效地将传统 DEA 模型中效率值为 1 的有效决策单元区分出来,识别出强有效决策单元,并得到弱有效决策单元的具体效率值,以期弥补现有环境效率评价模型的不足,实现效率值的有效排序。

3.2.2.2 虚拟前沿面 SBM-U 效率评价模型

　　虚拟前沿面 SBM-U 模型的原理是在实际生产系统的有效前沿面基础上构建一个全新的有效前沿面,然后比较决策单元偏离全新的有效前沿面的距离来确定他们的有效性,得到效率值。这个全新的有效前沿面是实际生产前

---

　　① 虚拟包络面是基于现有决策单元的投入/产出数据虚构出来的最优或最劣绩效前沿面,区别以往根据现有决策单元的实际投入/产出数据构造的虚拟前沿面[167]。

沿面的整体平移,既包络了各决策单元,也包络了原前沿面,避免超效率 SBM 模型不足。由于全新有效的前沿面是基于虚拟参考单元而非实际决策单元的观测数据构建,故称之为虚拟前沿面。一般情况下,我们通过调整决策单元投入产出得到虚拟参考单元,即同比例缩小实际决策单元投入和非期望产出,以及同比例增大实际决策单元期望产出得到的虚拟参考单元集合。

虚拟前沿面 SBM-U 的机理如图 3-4 所示。决策单元 A、B、C、D、E 为被评价的决策单元集,其中 A、B、C、D 在生产前沿面上属于技术有效,也可称为最优绩效前沿面,E 不在生产前沿上,属于无效决策单元。可见,对于有效决策单元 A、B、C、D 很难进行区分效率差异。为了解决此问题,构造一个全新的效率前沿面 A′B′C′D′,那么决策单元 A、B、C、D 变为技术无效,此时可对 A、B、C、D、E 效率值的大小进行排序。同时还可以发现,虚拟前沿面的参考集合中相比实际决策单元投入上变小了,而产出增大了,通过投影的方式将实际决策单元的效率值投到生产前沿面上,使得新的效率前沿面(A′B′C′D′)包络了原前沿面(ABCD),从而使得新的生产前沿面在最优生产前沿面上[167,168]。因此虚拟前沿面模型的测算结果会比实际决策单元效率值偏小,同时也可以保证效率值在 0 和 1 之间。相比超效率模型,在评估过程中,虚拟前沿面(Virtual frontier)的参考集合内集合个体未发生改变,保持了参考前沿面的一致性,确保了评估效率值能有效排序。

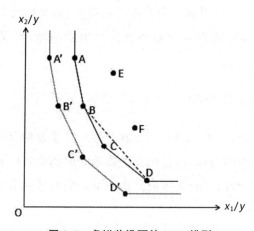

图 3-4　虚拟前沿面的 DEA 模型

基于此,本书构建了虚拟前沿面的非期望 SBM 模型,如下:

$$
\rho_v = \min \frac{1 - \dfrac{1}{m} \sum_{i=1}^{m} \dfrac{s_i^-}{x_{i0}}}{1 + \dfrac{1}{q_1 + q_2}(\sum_{r=1}^{q1} \dfrac{s_r^+}{y_{r0}} + \sum_{t=1}^{q2} \dfrac{s_t^{b-}}{b_{t0}})}
$$

$$
\text{s.t.} x_{i0} = X_v \lambda_v + s_i^-
$$

$$
y_{r0} = Y_v \lambda_v - s_r^+
$$

$$
b_{t0} = B_v \lambda_v - s_t^{b-}
$$

$$
\lambda, s^-, s^+, s^{b-} \geqslant 0
$$

(3-6)

其中 m、q_1、q_2 分别为投入、期望产出(好产出)、非期望产出(坏产出)总数,x_i、y_r、b_t 表示决策单元投入、期望产出、非期望产出,X_v、Y_v、B_v、λ_v 表示虚拟前沿面中决策单元投入矩阵、期望产出矩阵、非期望产出矩阵、权重矩阵,s^-、s^+、s^{b-} 分别为投入、期望产出、非期望产出的松弛变量,N 为决策单元总数。

本书的虚拟前沿面是将实际最优前沿面进行平移,根据仿射变换理论的平移原理[169,170],一般来说平移步长为 0.01 及其整数倍,为了使所测算的结果与原有模型测算的结果的区分度更强一些,本书选择步长为 0.05,即将实际投入变小 0.05 个步长,将期望产出变大 0.05 个步长,将非期望产出变小 0.05 个步长,即 $X_v = 0.95X, Y_v = 1.05Y, B_v = 0.95B$。

为方便计算,可将上述模型转化为下列线性规划式:

$$
\rho_v = \min(\delta - \frac{1}{m} \sum_{i=1}^{m} \frac{S_i^-}{x_{i0}})
$$

$$
\text{s.t.} X_v \Lambda + S_i^- - \delta x_{i0} = 0
$$

$$
Y_v \Lambda - S_r^+ - \delta y_{r0} = 0
$$

$$
B_v \Lambda - S_t^{b-} - \delta b_{t0} = 0
$$

$$
\delta + \frac{1}{q_1 + q_2}(\sum_{r=1}^{q1} \frac{S_r^+}{y_{r0}} + \sum_{t=1}^{q2} \frac{S_t^{b-}}{b_{t0}}) = 1
$$

$$
\lambda, s^-, s^+, s^{b-} \geqslant 0
$$

(3-7)

其中,$S^- = \delta s^-$,$S^+ = \delta s^+$,$S^{b-} = \delta s^{b-}$,$\Lambda = \delta \lambda_v$。

公式(3-7)的虚拟前沿面 SBM-U 的线性规划式可通过 matlab 或者 Lingo 编程实现。

3.3 虚拟前沿面 SBM-U 模型特点

为论证 SBM-U 模型和虚拟前沿面 SBM-U 模型之间的区别以及虚拟前沿面 SBM-U 模型的优点,本书假设虚拟前沿面移动步长为 β,将 SBM-U 模型和虚拟前沿面 SBM-U 模型约束条件代入其目标函数,可得到 SBM-U 模型和虚拟前沿面 SBM-U 模型的目标函数表达式,如公式(3-8)和(3-9)所示。再根据虚拟前沿面思想,简要画出 SBM-U 模型和虚拟前沿面 SBM-U 模型的对比图解(见图 3-5)。

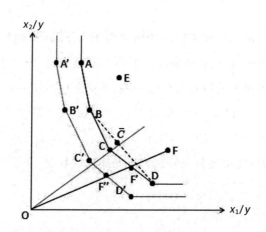

图 3-5　虚拟前沿面 SBM-U 和 SBM-U 模型对比图解

$$\rho = \min \frac{\dfrac{1}{m}\sum_{i=1}^{m}\dfrac{X_i\lambda}{x_{i0}}}{\dfrac{1}{q_1+q_2}\left(\sum_{r=1}^{q1}\dfrac{Y_i\lambda}{y_{r0}}+\sum_{t=1}^{q2}\dfrac{B_i\lambda}{y_{t0}}\right)} \tag{3-8}$$

将虚拟前沿面 $X_v=(1-\beta)X$,$Y_v=(1+\beta)Y$,$B_v=(1-\beta)B$ 构造条件代入公式(3-9)得到:

$$\rho_v = \min \frac{\dfrac{1}{m}\displaystyle\sum_{i=1}^{m}\dfrac{X_i\lambda_v}{x_{i0}}}{\dfrac{1}{q_1+q_2}\left[\displaystyle\sum_{r=1}^{q1}\dfrac{(1+\beta)Y_i\lambda_v}{(1-\beta)y_{r0}}+\displaystyle\sum_{t=1}^{q2}\dfrac{B_i\lambda_v}{b_{t0}}\right]} \tag{3-9}$$

通过以上对比分析结果可得到如下结论：

第一，对比虚拟前沿面 SBM-U 模型和 SBM-U 模型的目标函数表达式可知，虚拟前沿面 SBM-U 模型目标表达式与 SBM-U 模型目标表达式形式和结构完全一致，但也存在部分差异。目标函数表达式形式和结构一致充分说明虚拟前沿面 SBM-U 模型完美继承了 SBM 模型的特点和优点，在公式中以产出的形式处理非期望产出指标，该种处理方式符合现实中投入产出情况，使得测算的结果更为科学。

第二，虚拟前沿面 SBM-U 模型和 SBM-U 模型的目标函数表达式形式差异体现在虚拟前沿面 SBM-U 模型中分母结构，而分子结构形式未发生变化，这说明虚拟前沿面 SBM-U 目标函数与 SBM-U 目标函数并非简单线性关系，虚拟前沿面 SBM-U 模型的虚拟前沿面也并非由 SBM-U 模型生产前沿面简单地线性前移构建形成，这揭示了虚拟前沿面 SBM-U 模型与 SBM-U 模型生产前沿面存在显著差异，对同一决策单元效率测算结果将有明显差异，因而虚拟前沿面 SBM-U 模型能够区别 SBM 模型中强弱有效单元。

第三，根据虚拟前沿面 SBM-U 模型和 SBM-U 模型的图解可知，虚拟前沿面 SBM-U 模型的参考虚拟前沿面 $A'B'C'D'$ 包络了 SBM-U 模型的实际生产前沿面 ABCD，那么对于点 F 的效率值测算，虚拟前沿面 SBM-U 的效率测算值为 OF''/OF，SBM-U 模型的效率测算值为 OF'/OF。对比两者可知，$OF''/OF \leqslant OF'/OF$，这充分说明了相对于 SBM-U 模型，同一决策单元虚拟前沿面 SBM-U 模型测算效率值更低。同时，该图也展示了超效率 SBM 模型评价机理，当超效率 SBM 模型对 C 决策单元进行评价时，其参考生产前沿面为 ABD，其效率测算值为 $O\bar{C}/OC$，但对 D 点决策单元进行评价，其参考生产前沿面为 ACD，这将导致所有效率值为 1 决策单元参考生产前沿面不一致，因而无法对评价结果进行排序。

第四，根据虚拟前沿面 SBM-U 模型定义公式（3-6）和目标函数 ρ_v 表达式可知,虚拟前沿面 SBM-U 模型在对所有决策单元进行测算时,其参考虚拟前沿面始终保持一致不变,这确保了所有决策单元都是参照同一标准进行评价测算,得到结果相对合理,并且可对比、排序。

此外,表 3-3 罗列了部分常用 DEA 模型特点,其中能够同时将产出指标作为非期望产出,并有效识别强弱有效单元的方法仅有 Malmquist-Luenberger、超效率 SBM 以及虚拟前沿面 SBM-U 模型,而 Malmquist-Luenberger 指数运算需要结合 SBM 等基础 DEA 模型,其测算结果为决策单元 $t+1$ 年相对于 t 年增长率,并非决策单元 $t+1$ 年效率值;而 SE-SBM 模型测算原理同超效率模型,其缺点也同超效率模型,即有效决策单元(效率值>1)并非基于同一生产前沿面,其测算结果相对不合理并且不可比。综上,本书提出的虚拟前沿面 SBM-U 模型在处理非期望产出、识别强弱有效单元方面及对决策单元的合理排序具有一定优势。

表 3-3　当前环境效率评价模型的对比分析

特点	CCR	BBC	Malmquist-Luenberger	SBM	SE-SBM	SBM-VF	SBM-U	虚拟前沿面 SBM-U
期望产出	√	√	√	√	√	√	√	√
非期望产出			√				√	√
能有效区别强弱有效单元					√	√		√
不同前沿面					√			
同一前沿面	√	√	√	√			√	√

另外,当前以中国知网(CNKI)数据库为检索源,按照主题"虚拟前沿面"的检索格式,截至 2019 年 10 月,共检索到文章 14 篇,其中采用虚拟前沿面的研究内容还未涉及非期望产出 SBM 的拓展模型,基本是围绕未考虑非期望产出的 DEA 模型的效率测算的改进。其中学者李烨运用虚拟前沿面研究视角研究航空公司效率评价问题共发表了 6 篇文章,其中 1 篇为博士论文,其他 5 篇为外文;Peter Wanke 以虚拟前沿面动态 DEA 模型发表论文 2 篇;卞亦文基于包络面的 DEA 方法发表 1 篇。

3.4 本章小结

　　本章在梳理了全要素生产率、环境效率等概念的基础上,认为工业大气环境效率就是工业全要素大气环境生产率,并对其概念进行界定,同时指出工业大气环境效率的核心就是实现工业绿色发展,其目标实现工业经济发展和大气环境保护的协调可持续发展。

　　其次,通过梳理 DEA 基本模型、SBM 模型、非期望产出 SBM 模型和超效率 SBM 模型后,发现当前环境效率评价方法主要存在以下几个问题:传统 DEA 模型无法处理非期望产出存在的情况;非期望产出的 SBM 模型测算出来的决策单元会出现多个有效决策单元,导致无法有效地对决策单元进行排序;超效率 DEA 模型在效率评价时由于所参考的决策单元不在同一个前沿面导致参照标准不一样,针对上述问题,本书参考虚拟前沿面思想,对非期望产出 SBM 模型进行改进,提出虚拟前沿面 SBM-U 模型,并详细阐述该模型内在机理和具体实现方式。

　　最后,论证虚拟前沿面 SBM-U 模型完美继承 SBM-U 模型的特点,该模型不仅能够按照实际生产情况将非期望产出纳入到 DEA 模型中进行评价,又增加了强弱有效单元识别特点,实现效率值大小的合理排序,同时还确保了所有评价单元都在同一个生产前沿面,使得该模型在处理非期望产出、识别强弱有效单元方面较其他 DEA 模型具有一定优势。

第 4 章

中国工业大气环境效率的
测度分析

　　本章首先立足工业大气环境效率概念、评价方法及指标选取原则,构建了全要素工业大气环境效率的评价指标体系,确定了投入、期望产出、非期望产出等具体指标。其次,本章选取 2003—2017 年 30 个省市的工业大气污染物指标数据,从时间和空间维度全面比较和分析了工业大气污染物排放总量、年均排放量及排放强度来探析当前工业大气污染物排放的现实情况。再次,借助 SBM-U 模型和虚拟前沿面 SBM-U 模型测度 2003—2017 年中国 30 个省市工业大气环境效率,对比分析了两种测算方法的实证结果,进一步论证了虚拟前沿面 SBM-U 模型存在的合理性及价值所在,并以虚拟前沿面 SBM-U 模型测算结果为基础详细分析中国工业大气环境效率的现状。然后,通过投入冗余率和产出冗余率进一步判断中国省域工业大气环境无效率的内在原因,探寻实现资源的优化配置方向。最后,通过变异系数和泰尔指数对中国工业大气环境效率的区域差异性进行分析,揭示工业大气环境效率区域间差异和区域内差异的变化趋势及其贡献率。

4.1 工业大气环境效率评价指标体系

4.1.1 评价指标的选择

选择合适的评价模型和构建科学的指标体系是有效测度中国工业大气环境效率的前提。目前的研究成果显示,大气环境问题研究已取得丰富的研究成果。在投入指标方面,学术界基本上都选取劳动力、资本和能源投入三个指标,也有学者采用了科技投入。在产出指标方面,一般选取国内生产总值作为期望产出,而关于非期望产出指标的选择,不同研究者根据所研究内容的不同所选择的指标个数和指标内容会存在一定的差异,如有选取二氧化碳(CO_2)、二氧化硫(SO_2)、氮氧化物(NO_x)、烟粉尘(SD)和化学需氧量(COD)中的单个或多个污染物排放指标作为非期望产出,由此导致研究结果存在差异。

本书在参考已有成果的基础上,结合本书的研究重点和目的,拟选取工业人力资本、工业固定资产和工业能源消耗作为投入变量,选取工业增加值为期望产出,工业二氧化碳、工业二氧化硫和工业烟粉尘为非期望产出(见表 4-1)。指标选取原则如下:

(1)指标选取科学性

投入指标方面,本书选取工业人力资本、工业固定资产和能源消耗三项指标。其中,本书在工业固定资本和工业能源消耗指标的选取上与其他学者一致,但本书选择的工业人力资本指标显著地区别于其他学者所采用的劳动力数量指标,主要原因在于本人认为劳动力数量指标是将所有劳动者视为同质的,只能简单反映劳动投入数量,忽略了劳动者间的质量差别以及不同的劳动者在经济增长中所起的作用,显然这不符合现实情况。与此同时,工业人力资本能够同时反映劳动者数量和质量。其次,部分学者将科技投入作为投入指标纳入全要素生产率分析框架,一般选用 R&D 内部支出费用作为代理变量,但 R&D 内部支出费用支出项目主要以劳务支出和资本性支出为主,其中劳务支出为科技人员劳务费支出,资本性支出为开展 R&D 活动而进行建造、购置、安装、改建、扩建固定资产等支出费用,最终体现为工业人力资本和固定资产投入,故不再单独选取科技投入指标。

(2)指标选取代表性

中国大气污染的主要来源是燃烧化石能源,尤其是煤炭,主要污染物为二氧化碳(CO_2)、二氧化硫(SO_2)、氮氧化物(NO_x)、烟粉尘(SD)和化学需氧量(COD)等。其中,二氧化硫容易引起酸雨,导致酸雨污染面积占全国的 1/3,酸雨污染每年造成的直接经济损失达 140 亿元[171];工业烟粉尘作为雾霾推手,容易连带有害物质进入人体内进而对人体健康造成伤害,引发居民急性或慢性疾病;二氧化碳是温室效应直接推手,是世界各国关注的重点。保护大气环境最直接的手段就是控制所有大气污染排放,但大气污染物有数十种,部分污染物来源难以监测和监督,全面控制难以推行,故选择危害较大的大气污染物进行管制减排较为科学、合理。中国在"十五"规划和"十一五"规划期间都将烟粉尘和二氧化硫作为环境管制的主要对象,并将碳排放纳入环境质量框架中,承诺在 2030 年碳排放达到峰值。与此同时目前中国排污权交易标的物主要为 SO_2 和 CO_2。因此本书参考中国政府做法,将非期望产出指标确定为具有代表性的工业大气污染排放物,选择二氧化碳(CO_2)、二氧化硫(SO_2)、烟粉尘(SD)三项指标。

(3)指标选取可得性

指标选取必须考虑指标数据可得性。指标数据获取渠道:可直接由权威数据库获取或者通过可获得的数据进行计算得到。当前,工业大气污染排放物众多,包括二氧化碳、二氧化硫、一氧化碳、氮氧化物、工业烟粉尘等。其中,工业二氧化硫和工业烟粉尘可通过中国环境统计年鉴或者各省市统计年鉴直接获取;工业二氧化碳可通过中国能源统计年鉴中工业能源消费量计算得到;氮氧化物等其他大气污染物可获取的数据时间段小于本书研究的时间区间,数据缺失严重。因此,符合本书研究要求的仅有工业二氧化碳、工业二氧化硫、工业烟粉尘三个指标数据,如表 4-1 所示。

表 4-1　工业大气环境效率评价指标及数据来源

类型	名称	单位	数据来源
投入指标	工业人力资本	千万人	参照彭国华方法[172]，数据源于《中国工业统计年鉴》《中国劳动统计年鉴》
	工业固定资产	亿元	采用永续盘存法，数据源于《中国工业统计年鉴》
	工业能源消耗	万吨标准煤	《中国能源统计年鉴》直接获得
产出指标	工业增加值	亿元	《中国统计年鉴》直接获得
	工业二氧化碳	万吨	采用 IPCC 估算方法，数据源于《中国能源统计年鉴》
	工业二氧化硫	万吨	《中国环境统计年鉴》直接获得
	工业烟粉尘	万吨	《中国环境统计年鉴》直接获得

4.1.2 评价指标的释义

（1）投入指标

①工业人力资本投入。本书参照彭国华（2005）的教育获得方法[172]，采用全社会从业人员，并将劳动人员的受教育程度、受教育的回报率一并考虑进去，综合考虑受教育的程度、受教育的综合素质以及所掌握的技能等。

工业人力资本测算公式如下式：

$$H_i = e^{\Phi(E_i)} L_i \tag{4-1}$$

其中，H_i 指人力资本增强型劳动力，L_i 指从业人数，E_i 指每个劳动力平均受到的教育年限，$\Phi(E_i)$ 为教育分段线性函数①，与徐现祥和舒元（2004）的方法一致[173]。其中各地区工业从业人数通过《中国工业统计年鉴》直接获得，各地区工业劳动力平均受教育程度通过《中国劳动统计年鉴》数据计算得到。

②工业固定资产。参考单豪杰（2008）的永续盘存法[174]。生产性资本存

---

① 假定一个地区的劳动力平均接受了 13.5 年学校教育，那么这个地区的劳动力的人均人力资本就是 $\ln h = 0.18 \times 6 + 0.134 \times 6 + 0.151 \times 1.5 = 2.11$。

量的估计公式如下式：

$$K_{it} = K_{it-1}(1-\delta_{it}) + I_{it} \tag{4-2}$$

其中，K 指基期资本存量，I 指每年的投资额度，δ 指经济折旧率，i 指第 i 个省市，t 指第 t 年，I_{it} 指第 i 个省市在第 t 年的实际固定资产投资额，其中相关数据通过《中国工业统计年鉴》获得。

③工业能源消耗。经济的发展离不开能源的投入，同时大量文章研究显示，中国环境污染的主要来源是能源消耗。其次，能源投入与污染排放存在密切的关系，因此环境效率改善的关键是提高能源资源的使用效率及减少环境污染排放。为此本书考虑采用能源终端消耗量，将主要能源作为能源投入指标，按标准煤折合系数折算为万吨标准煤，数据通过《中国能源统计年鉴》获得。

(2)产出指标

①期望产出：工业增加值，利用地区居民消费价格指数（上年＝100）对各地区原始工业增加值平减，得到以 2003 年为基期地区规模以上工业企业增加值，数据来源于《中国统计年鉴》。

②非期望产出：工业二氧化硫、工业烟粉尘数据可通过《中国环境统计年鉴》直接获得。工业二氧化碳排放目前尚无官方统计，因此本书采用 IPCC 政府间气候变化专门委员会（2006）和国家发展和改革委员会能源研究所（2007）推荐估算参考方法（Reference Approach），通过估计工业能源消费量来推算工业二氧化碳排放量，计算公式如下式：

$$CO_2 = \sum_{i=1}^{9} CO_{2i} = \sum_{i=1}^{9} E_i \times NCV_i \times COF_i \times 3.67 \tag{4-3}$$

其中 i 表示不同的化石燃料，包括煤炭、焦炭等 9 种能源，E_i 表示化石燃料 i 的消耗量，NCV_i 表示燃料 i 的平均低位发热量，CEF_i 表示燃料 i 的碳排放系数，COF_i 表示燃料 i 的碳氧因子，具体数据取自《2006 年 IPCC 国家温室气体排放清单》，主要能源消费量来源于《中国能源统计年鉴》。

4.2 中国工业大气污染物排放的现状分析

4.2.1 中国工业大气污染物排放的总体情况分析

本书首先对中国主要工业大气污染物排放现状进行分析,以便对当前中国工业大气污染物排放情况的总体把握。图 4-1 和图 4-2 分别展示 2003—2017 年中国工业增加值和中国工业大气污染物排放总量趋势。图中显示:随着中国工业增加值高速增长,工业二氧化碳排放总量总体上呈现先升后降的趋势,工业二氧化硫和工业烟粉尘排放量呈现波动递减的趋势。其中,主要工业大气污染物总量趋势差异体现为中国政府对工业大气治理差别化策略,烟粉尘作为"十五"规划和"十一五"规划中环境管制的主要对象,2000—2010 年期间总量减排效果明显;二氧化硫减排目标被明确列入"十二五"规划后,期间减排效果也明显;二氧化碳减排目标是实现单位国内生产总值二氧化碳下降,显然二氧化碳总量仍处于上升态势,但增长趋势有所减缓。总体来说,工业二

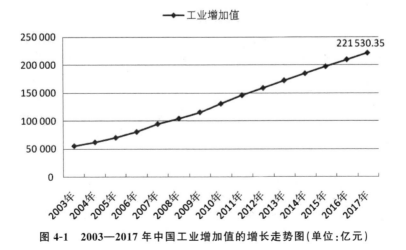

图 4-1　2003—2017 年中国工业增加值的增长走势图(单位:亿元)

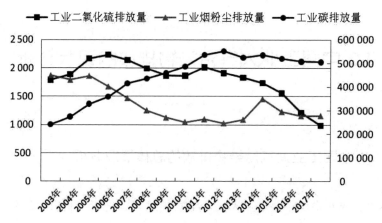

图 4-2　2003—2017 年中国工业大气污染物排放总量趋势图(单位:万吨)

氧化碳、工业二氧化硫、工业烟粉尘的排放量得到有效的控制。

图 4-3 展示工业大气污染物排放强度变化趋势。结果显示,总体单位国内生产总值的二氧化硫、二氧化碳和烟粉尘排放强度均呈现下滑态势,其中工业烟粉尘排放强度降速>工业二氧化硫排放排放强度降速>工业二氧化碳排放排放强度降速。由此可见,工业大气污染物排放强度趋势充分说明中国工业大气污染物减排工作取得一定的成效,经济发展方式已开始向绿色经济发展方式转变。

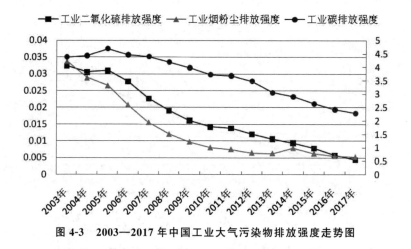

图 4-3　2003—2017 年中国工业大气污染物排放强度走势图

4.2.2 中国 30 个省市工业大气污染物排放分析

4.2.2.1 中国 30 个省市工业大气污染物排放总量分析

表 4-2 只罗列了 2003 年、2010 年和 2017 年中国区域工业大气污染物排放情况。通过观察 2003—2017 年间中国 30 个省市工业大气污染物的排放情况,可以发现以下变化态势:

第一,观察工业二氧化碳排放量的变化态势可知:首先,2003—2017 年期间,河北的累计排放量最大,为 636 037.87 万吨,占全国总排放量的 9.51%;山东累计总排放量排在第二,为 631 897.86 万吨,占全国总排放量的 9.45%。这期间,2003 年、2004 年、2006 年、2011—2014 年、2016 年工业二氧化碳排放量最多省份是河北,2005 年、2007—2010 年、2015 年、2017 年工业二氧化碳排放量最多省份是山东;其次,2003—2017 年海南二氧化碳不仅每年排放量最少,累计排放总量为 16 421.28 万吨,占全国总排放量的 0.25%,也是全国最少;最后,2003—2017 年期间工业二氧化碳排放总量排在前十位的依次有河北、山东、江苏、河南、广东、辽宁、山西、浙江、四川和湖北,排放总量排在中间十位的有内蒙古、湖南、安徽、福建、云南、新疆、陕西、黑龙江、吉林和江西,排放总量排在后十位的有贵州、重庆、上海、甘肃、天津、宁夏、青海、北京和海南。

第二,观察工业二氧化硫排放量的变化趋势可知:首先,2003—2017 年山东的每年排放量为当年最多,其排放累计总量最大,达到 2 084 万吨,占全国总排放量的 7.66%;其次,2003—2014 年海南的排放量当年所有省份最少,2015—2017 年北京排放量为当年所有省份最少,但 2003—2017 年,海南的累计排放总量为全国最少,仅 36.53 万吨,占全国总排放量的 0.13%;最后,2003—2017 年工业二氧化硫排放总量排在前十位的依次有山东、内蒙古、河北、河南、山西、江苏、广东、四川、辽宁和贵州,排放总量排在中间十位的有陕西、广西、浙江、湖南、重庆、湖北、新疆、江西、云南和安徽,排放总量排在后十位的有甘肃、黑龙江、福建、宁夏、吉林、上海、天津、青海、北京和海南。

第三,观察工业烟粉尘排放量的变化趋势可知:首先,2003—2017 年山西累计排放总量最大,为 1 582.4 万吨,占全国总排放量的 7.78%,其中,2003—2010 年山西的排放量均排在每年所有省份的第一位,2011—2017 年河北的排放量为当年最多;其次,海南的排放总量最小,为 23.09 万吨,占全国总排放量的 0.11%,其中除 2015 年北京烟粉尘排放量为当年最少外,其他年份当年排放量最少省份均为海南;最后,2003—2017 年工业烟粉尘的排放总量排在前十位的依次有山西、河北、河南、辽宁、山东、湖南、内蒙古、广西、江苏和四川,排放总量排在中间十位的有安徽、黑龙江、陕西、江西、新疆、湖北、广东、浙江、吉林和贵州,排放总量排在后十位的有云南、福建、重庆、甘肃、宁夏、青海、天津、上海、北京和海南。

通过上述分析得到,其一,以旅游产业为主的海南省工业大气污染物排放最少;其二,北京、上海、天津三个直辖市的工业大气污染物排放量处于较低的位次,说明京、津、沪的经济工业增长模式正在发生改变,其中北京正重点打造高精尖产业,天津以发展战略性新兴产业和高端装备制造业为主导,上海致力于工业信息化,强化电子信息、装备制造与汽车、钢铁化工、生物医药、航天航空领域科技赋能;其三,全国第一个国家生态文明试验区福建除工业二氧化碳排放量处于中等水平外,工业二氧化硫和工业烟粉尘的排放量均处于低等水平,说明福建在探索生态文明建设中取得成效;其四,工业大气污染物排放较少的还有经济欠发达地区青海、宁夏、甘肃;其五,以重工业为主的山东和承接北京重工业转移的重要基地河北,其工业大气污染物排放均位列前三,污染最为严重;最后,工业大气污染物排放较为严重的还有山西、河南、辽宁、四川。

4.2.2.2 中国 30 个省市工业大气污染物年均排放量分析

通过 2003—2017 年中国 30 个省市工业年均增加值和工业大气污染物年均排放量的排序[1](见表 4-3)可知,其一,共有 11 个省市工业经济属于高增长高排放,所占比例高达 36.67%,分别有广东、江苏、山东、浙江、河南、河北、四川、辽宁、湖北、湖南、内蒙古,其中东部地区占 54.55%;其二,共有 4 个省市工

---

[1]　排序在 1~15 名的为工业经济高增长、工业大气污染物高排放,排序在 16—30 名的为工业经济低增长、工业大气污染物低排放。

业经济属于高增长低排放,所占比例为 13.33％,分别有福建、上海、安徽、天津,其中东部地区占 75％;其三,共有 12 个省市工业经济属于低增长低排放,所占比例高达 40％,分别有陕西、吉林、重庆、江西、北京、黑龙江、云南、贵州、甘肃、宁夏、青海、海南,其中西部地区占 50％;其四,只有 3 个省市工业经济属于低增长高排放,所占比例为 10％,分别为山西、广西、新疆,其中西部地区占 66.67％。按照东中西区域划分,高增长高排放省市集中在东部地区,低增长低排放省市集中在西部地区。

通过上述分类发现:第一,中国工业经济属于高增长高排放或低增长低排放共计 23 个省市,占比 76.67％,由此说明中国大部分省市的工业经济仍未转变三高一低的粗放型增长模式,工业大气环境质量仍处于较为严峻的趋势;第二,中国 30 个省份中仅有海南、青海等少数省份年均工业增加值和工业污染排放物排放总量排名位次相对一致,其他省份排名位次都相差较大。可见,采用单指标污染物排放总量或者强度来衡量工业大气环境质量显然不够科学,其研究结果也必然存在显著差别,故只有采用多指标体系评价才能避免主观选择出现的偏差,确保所测量的工业大气环境效率结果更加科学、合理。

表 4-2　2003 年、2010 年和 2017 年 30 个省市及全国工业大气污染物排放情况

单位:万吨

	工业二氧化碳			工业烟粉尘			工业二氧化硫		
	2003	2010	2017	2003	2010	2017	2003	2010	2017
北京	3 728.36	3 510.23	1 723.01	6.13	3.79	0.43	11.40	5.68	0.38
天津	3 871.88	6 665.25	6 957.54	10.85	6.18	4.45	23.02	21.76	4.23
河北	21 913.79	45 780.74	47 049.22	119.38	64.40	52.25	119.50	99.40	34.19
山西	16 558.58	21 215.60	22 205.77	151.33	79.70	22.87	103.33	114.70	25.22
内蒙古	6 387.91	16 406.01	23 078.24	65.32	63.60	34.55	113.78	119.30	32.69
辽宁	13 294.67	25 833.23	22 105.80	75.25	56.50	42.10	63.73	85.90	28.90
吉林	4 678.57	10 726.76	7 374.00	31.70	26.30	12.64	18.84	30.10	10.55
黑龙江	6 027.29	9 960.07	10 002.79	52.64	35.40	15.59	28.53	41.70	12.91
上海	6 961.55	8 852.08	7 116.47	6.67	5.15	4.70	31.56	22.15	1.27

续表

	工业二氧化碳			工业烟粉尘			工业二氧化硫		
	2003	2010	2017	2003	2010	2017	2003	2010	2017
江苏	14 411.87	35 500.50	42 749.82	82.06	45.00	36.03	117.84	100.20	35.40
浙江	10 988.81	20 406.21	22 021.97	56.22	30.40	12.90	70.73	65.40	18.10
安徽	10 768.85	14 717.68	17 547.87	66.68	47.10	22.21	40.54	48.40	18.96
福建	5 632.51	13 102.88	14 881.29	26.06	24.00	17.02	29.31	39.10	11.17
江西	3 710.67	8 979.30	13 199.63	52.20	36.30	25.72	39.17	47.10	20.08
山东	19 702.01	46 222.42	47 435.83	126.41	48.00	37.08	154.01	138.30	49.28
河南	10 345.34	32 764.25	28 058.94	136.75	70.10	14.20	90.17	116.30	17.71
湖北	11 877.77	22 105.74	15 526.91	60.27	29.10	13.82	54.28	51.60	11.61
湖南	7 667.67	16 862.79	15 617.45	111.30	62.90	15.75	67.14	62.70	15.02
广东	16 127.28	29 066.34	16 757.02	65.77	35.70	9.44	105.43	98.90	19.03
广西	4 898.16	11 038.78	12 836.70	102.42	56.80	18.00	83.05	84.80	12.00
海南	912.75	891.65	1 306.69	2.34	1.40	0.37	2.24	2.80	1.00
重庆	4 398.76	9 251.64	10 115.12	34.21	18.57	6.87	61.31	57.27	13.99
四川	10 433.39	20 713.64	22 035.74	120.97	40.10	7.97	105.05	93.80	27.68
贵州	6 341.59	8 493.40	8 244.83	47.55	19.90	14.74	57.03	63.80	46.30
云南	5 844.95	12 316.78	14 709.44	25.33	18.10	12.44	38.07	44.00	30.54
陕西	3 549.00	9 771.60	12 831.04	59.70	30.00	13.92	65.10	70.70	15.82
甘肃	3 583.33	7 096.17	8 518.01	28.77	19.10	11.24	44.11	45.20	15.05
青海	1 433.92	3 416.02	5 518.68	9.72	15.00	19.37	5.05	13.30	10.85
宁夏	2 941.82	5 302.12	8 034.97	28.96	19.70	14.50	25.84	28.00	13.00
新疆	2 907.35	9 752.20	20 840.96	26.75	43.30	34.27	22.33	51.80	20.19
全国	241 900.37	486 722.1	506 401.8	1 867.41	051.91	161	1 791.6	1 864.4	988.5
最大值	21 913.79	46 222.42	47 435.83	151.33	79.70	52.25	154.01	138.30	49.28
最小值	912.75	891.65	1 306.69	2.34	1.40	0.37	2.24	2.80	0.38

表 4-3　2003—2017 年中国 30 个省市工业年均增加值和大气污染物年均排放量的排序

省　市	工业增加值	工业二氧化碳	工业二氧化硫	工业烟粉尘
广　东	1	5	7	17
江　苏	2	3	6	9
山　东	3	2	1	5
浙　江	4	8	12	18
河　南	5	4	4	3
河　北	6	1	3	2
福　建	7	14	23	22
上　海	8	24	26	28
四　川	9	9	8	10
辽　宁	10	6	9	4
湖　北	11	10	16	16
湖　南	12	12	14	6
安　徽	13	13	20	11
天　津	14	26	27	27
内蒙古	15	11	2	7
陕　西	16	18	11	13
吉　林	17	20	25	19
重　庆	18	23	15	23
江　西	19	21	18	14
山　西	20	7	5	1
北　京	21	29	29	29
广　西	22	17	12	8
黑龙江	23	19	22	12
云　南	24	15	19	21
贵　州	25	22	10	20
新　疆	26	16	17	15
甘　肃	27	25	21	24
宁　夏	28	27	24	25
青　海	29	28	28	26
海　南	30	30	30	30

4.2.3 东、中、西部地区①工业大气污染物排放分析

东、中、西部地区工业二氧化碳排放总量的变化趋势图(见图 4-4a)显示，第一，工业二氧化碳的排放总量总体上呈现增长的趋势，其增长态势呈现先升后降的态势，增长速度呈现不断减缓的趋势；第二，东部地区的排放量一直远高于中、西部地区，且中、西部地区排放量的差距逐渐减小。具体而言，2003—2012 年期间工业二氧化碳的排放总量呈现东高西低的状态，其中，东部地区的排放量远大于中、西部地区，且呈现逐渐扩大的局势；2013—2017 年期间呈现东高中低的状态，西部地区的工业二氧化碳排放量超过了中部地区，且东部地区的排放量呈现下滑趋势，逐渐拉近与中、西部地区的差距。

东、中、西部地区工业二氧化硫排放总量的变化趋势图(见图 4-4b)显示，第一，东、中、西部地区的工业二氧化硫排放量总体上呈现波动下滑的趋势且变化趋势较为一致；第二，区域间排放量差距在逐渐缩小，且中部地区的排放量一直处于相对最低水平。具体而言，2003—2012 年工业二氧化硫排放量呈现东部＞西部＞中部，中部地区排放量比西部地区少 100 万吨左右；2013—2017 年出现了西部地区的工业二氧化硫排放量跃居第一，除了 2016 年略低于东部地区外，且中部地区仍最少。

东、中、西部地区工业烟粉尘排放总量的变化趋势图(见图 4-4c)显示，东、中、西部地区的工业烟粉尘的排放量总体也呈现波动下滑的趋势，且排放总量的差距在逐渐缩小。其中，2003—2010 年中部地区的工业烟粉尘排放量最大，且一直处于东、西部地区的上方，东、西部地区的顺序呈现交替轮流最少；2011—2014 年期间东、中、西地区的工业烟粉尘排放量总体上呈现增长趋势，且东部地区的排放总量开始出现高于中、西部地区，中、西部地区的顺序呈现交替轮流最少；2015—2017 年东、中、西部地区的工业烟粉尘的排放量出现

---

① 东部地区：北京、天津、河北、辽宁、上海、江苏、浙江、福建、山东、广东和海南等 11 个省市；中部地区：山西、吉林、黑龙江、安徽、江西、河南、湖北和湖南等 8 个省市；西部地区：四川、重庆、贵州、云南、陕西、甘肃、青海、宁夏、新疆、广西、内蒙古和西藏等 12 个地区。但由于西藏缺省值较多，所以本书研究未把西藏列入考核范围，只研究了 30 个省市。

"断崖式"下跌,并且呈现东部地区工业烟粉尘排放量＞中部＞西部地区,2017
年均达到最小值。

上述结果揭示,中国区域工业大气污染物排放量得到有效控制,工业二氧
化硫和工业烟粉尘排放量均呈现递减趋势,工业二氧化碳呈现缓先升后降态
势。其次,不同工业大气污染物排放存在显著的区域特征,工业二氧化碳呈现
东高西低,工业二氧化硫呈现东高中低,工业烟粉尘呈现中高西低。

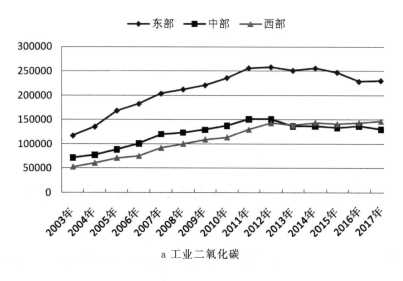

a 工业二氧化碳

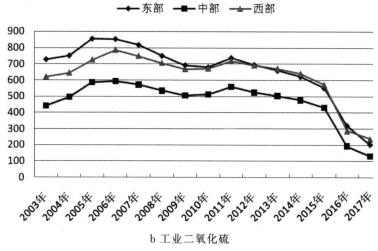

b 工业二氧化硫

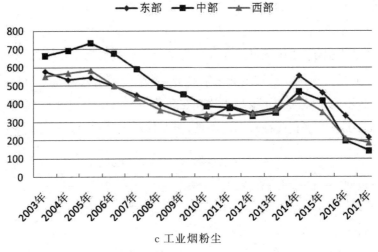

c 工业烟粉尘

图 4-4 东、中、西部地区工业大气污染物排放总量的变化趋势图

4.3 中国工业大气环境效率的测度结果分析

首先通过上一小节分析,我们对中国各省市工业大气污染物排放有了初步认识和了解。其次通过对比分析结果可知,各省市、区域不同类型大气污染物总量、强度等存在明显差异,这充分说明选择单一指标衡量中国工业大气污染物排放现状存在片面性。基于此,本节将以工业大气环境效率评价指标体系(选择多指标)为基础,选用 SBM-U 模型和虚拟前沿面 SBM-U 模型测算中国工业大气环境效率,并对评价结果进行对比分析,以验证虚拟前沿面 SBM-U 模型的合理性。然后通过虚拟前沿面 SBM-U 模型所测算的结果,从效率值的总体情况、演化过程、变化态势及投入产出冗余率角度对中国工业大气环境效率的现状进行全面分析。

4.3.1 SBM-U 和虚拟前沿面 SBM-U 模型测度结果对比分析

SBM-U 模型和虚拟前沿面 SBM-U 模型的测算结果详见表 4-4 和表 4-5。

表 4-4　2003—2017 年中国 30 个省市工业大气环境效率的测算数据（SBM-U 模型）

省份 \ 年份	2003	2004	2005	2006	2007	2008	2009	2010	2011	2012	2013	2014	2015	2016	2017	均值	排序
北京	0.196	0.198	0.242	0.248	0.276	0.296	0.336	0.376	0.406	0.417	0.500	0.542	0.591	0.762	1.000	0.426	5
天津	0.225	0.243	0.294	0.332	0.342	0.410	0.401	0.409	0.448	0.500	0.516	0.555	1.000	0.795	1.000	0.498	3
河北	0.256	0.259	0.250	0.260	0.266	0.245	0.250	0.243	0.243	0.253	0.260	0.258	0.276	0.295	0.286	0.260	22
山西	0.140	0.138	0.146	0.144	0.154	0.148	0.138	0.155	0.170	0.170	0.179	0.172	0.160	0.157	0.178	0.157	28
内蒙古	0.169	0.203	0.197	0.229	0.258	0.265	0.302	0.304	0.320	0.341	0.337	0.328	0.342	0.313	0.238	0.276	19
辽宁	0.200	0.197	0.215	0.221	0.230	0.230	0.231	0.242	0.271	0.280	0.289	0.298	0.323	0.243	0.251	0.248	24
吉林	0.191	0.201	0.202	0.216	0.255	0.255	0.291	0.318	0.338	0.364	0.384	0.408	0.427	0.467	0.523	0.323	10
黑龙江	0.351	0.373	0.282	0.262	0.246	0.239	0.236	0.255	0.254	0.224	0.215	0.207	0.206	0.200	0.189	0.249	23
上海	0.282	0.290	0.311	0.327	0.354	0.365	0.362	0.415	0.426	0.441	0.457	0.446	0.473	0.565	1.000	0.434	4
江苏	0.335	0.312	0.305	0.313	0.311	0.293	0.332	0.314	0.327	0.347	0.351	0.355	0.379	0.424	0.515	0.348	8
浙江	0.321	0.284	0.284	0.282	0.299	0.303	0.309	0.322	0.352	0.373	0.392	0.384	0.404	0.491	0.497	0.353	7
安徽	0.250	0.255	0.236	0.236	0.244	0.234	0.264	0.287	0.318	0.332	0.241	0.354	0.356	0.397	0.434	0.296	12
福建	0.345	0.351	0.317	0.328	0.347	0.364	0.366	0.410	0.496	0.672	0.817	0.590	0.714	1.000	0.669	0.519	1
江西	0.250	0.256	0.273	0.266	0.268	0.224	0.312	0.314	0.311	0.308	0.316	0.312	0.296	0.294	0.320	0.288	14
山东	0.294	0.302	0.314	0.322	0.321	0.320	0.331	0.319	0.324	0.338	0.339	0.327	0.315	0.341	0.385	0.326	9
河南	0.278	0.263	0.280	0.284	0.298	0.295	0.289	0.293	0.289	0.291	0.289	0.262	0.268	0.291	0.330	0.287	15
湖北	0.223	0.233	0.194	0.209	0.209	0.211	0.232	0.269	0.293	0.311	0.312	0.345	0.379	0.439	0.485	0.290	13
湖南	0.239	0.239	0.252	0.253	0.263	0.264	0.278	0.287	0.303	0.327	0.351	0.386	0.410	0.423	0.430	0.314	11

续表 4-4

省份	2003	2004	2005	2006	2007	2008	2009	2010	2011	2012	2013	2014	2015	2016	2017	均值	排序
广东	0.314	0.328	0.365	0.366	0.391	0.398	0.421	0.435	0.494	0.517	0.546	0.566	0.603	1.000	1.000	0.516	2
广西	0.224	0.229	0.238	0.249	0.254	0.246	0.261	0.273	0.298	0.303	0.313	0.322	0.347	0.364	0.283	0.280	17
海南	0.157	0.160	0.178	0.217	0.254	0.274	0.279	0.303	0.342	0.353	0.338	0.318	0.328	0.398	0.412	0.287	16
重庆	0.255	0.280	0.236	0.244	0.258	0.254	0.360	0.373	1.000	0.418	0.401	0.375	0.376	0.438	0.486	0.384	6
四川	0.208	0.214	0.217	0.243	0.246	0.249	0.266	0.277	0.290	0.313	0.326	0.326	0.324	0.327	0.370	0.280	18
贵州	0.146	0.144	0.157	0.160	0.175	0.171	0.164	0.170	0.178	0.192	0.226	0.251	0.278	0.306	0.353	0.205	25
云南	0.245	0.248	0.241	0.241	0.241	0.250	0.257	0.255	0.261	0.275	0.267	0.281	0.304	0.314	0.312	0.266	20
陕西	0.167	0.165	0.201	0.230	0.235	0.252	0.269	0.287	0.274	0.285	0.317	0.303	0.305	0.327	0.345	0.264	21
甘肃	0.132	0.126	0.155	0.156	0.171	0.165	0.166	0.163	0.173	0.177	0.186	0.177	0.163	0.172	0.162	0.163	27
青海	0.114	0.120	0.129	0.136	0.152	0.163	0.176	0.179	0.199	0.205	0.206	0.200	0.202	0.203	0.163	0.170	26
宁夏	0.105	0.113	0.120	0.122	0.139	0.144	0.146	0.144	0.136	0.142	0.150	0.153	0.150	0.202	0.145	0.141	30
新疆	0.171	0.175	0.167	0.173	0.157	0.154	0.143	0.144	0.141	0.135	0.131	0.129	0.129	0.131	0.136	0.148	29
最大值	0.351	0.373	0.365	0.366	0.391	0.410	0.421	0.435	1.000	0.672	0.817	0.590	1.000	1.000	1.000		
最小值	0.105	0.113	0.120	0.122	0.139	0.144	0.138	0.144	0.136	0.135	0.131	0.129	0.129	0.131	0.136		
均值	0.226	0.230	0.233	0.242	0.254	0.256	0.272	0.284	0.322	0.320	0.332	0.331	0.361	0.403	0.430		
标准差	0.068	0.068	0.061	0.061	0.063	0.069	0.075	0.081	0.156	0.115	0.136	0.118	0.176	0.220	0.257		

表 4-5　2003—2017 年中国工业大气环境效率的测算数据（虚拟前沿面 SBM-U 模型）

年份 省份	2003	2004	2005	2006	2007	2008	2009	2010	2011	2012	2013	2014	2015	2016	2017	均值	排序
北京	0.176	0.178	0.217	0.222	0.246	0.262	0.297	0.332	0.364	0.374	0.447	0.484	0.524	0.650	0.844	0.374	5
天津	0.203	0.218	0.264	0.297	0.306	0.366	0.358	0.364	0.398	0.441	0.454	0.490	0.665	0.688	0.844	0.424	2
河北	0.231	0.234	0.226	0.234	0.240	0.221	0.225	0.219	0.219	0.228	0.234	0.233	0.248	0.265	0.256	0.234	22
山西	0.126	0.125	0.132	0.130	0.139	0.134	0.125	0.140	0.154	0.154	0.162	0.156	0.144	0.142	0.160	0.141	28
内蒙古	0.153	0.184	0.178	0.206	0.233	0.239	0.272	0.274	0.288	0.307	0.304	0.295	0.307	0.282	0.214	0.249	19
辽宁	0.180	0.177	0.194	0.199	0.207	0.207	0.208	0.218	0.244	0.252	0.260	0.268	0.290	0.219	0.225	0.223	24
吉林	0.172	0.181	0.182	0.195	0.230	0.230	0.262	0.286	0.304	0.326	0.344	0.365	0.382	0.415	0.464	0.289	10
黑龙江	0.315	0.335	0.254	0.236	0.222	0.215	0.212	0.229	0.229	0.202	0.193	0.186	0.186	0.180	0.170	0.224	23
上海	0.253	0.259	0.277	0.291	0.313	0.322	0.319	0.365	0.376	0.388	0.401	0.393	0.415	0.499	0.767	0.376	4
江苏	0.301	0.281	0.274	0.281	0.279	0.263	0.297	0.281	0.293	0.309	0.313	0.317	0.338	0.375	0.453	0.310	7
浙江	0.288	0.255	0.255	0.254	0.268	0.271	0.277	0.288	0.315	0.332	0.349	0.342	0.359	0.430	0.432	0.314	6
安徽	0.225	0.230	0.213	0.213	0.220	0.211	0.238	0.258	0.286	0.298	0.216	0.318	0.319	0.354	0.387	0.266	12
福建	0.310	0.316	0.285	0.294	0.311	0.326	0.328	0.367	0.399	0.423	0.446	0.459	0.483	0.544	0.584	0.392	3
江西	0.226	0.231	0.246	0.240	0.242	0.202	0.281	0.283	0.280	0.277	0.284	0.281	0.266	0.264	0.287	0.259	13
山东	0.265	0.271	0.283	0.290	0.289	0.288	0.297	0.286	0.291	0.303	0.304	0.294	0.282	0.305	0.342	0.293	9
河南	0.250	0.237	0.252	0.256	0.268	0.266	0.260	0.264	0.260	0.262	0.259	0.235	0.241	0.260	0.291	0.257	15
湖北	0.201	0.210	0.175	0.188	0.189	0.190	0.209	0.242	0.263	0.279	0.279	0.309	0.339	0.389	0.427	0.259	14

续表 4-5

省份\年份	2003	2004	2005	2006	2007	2008	2009	2010	2011	2012	2013	2014	2015	2016	2017	均值	排序
湖南	0.215	0.216	0.227	0.229	0.237	0.238	0.251	0.258	0.273	0.293	0.314	0.346	0.367	0.377	0.381	0.281	11
广东	0.282	0.294	0.327	0.327	0.350	0.355	0.375	0.386	0.437	0.456	0.485	0.502	0.536	0.701	0.829	0.443	1
广西	0.202	0.206	0.215	0.225	0.229	0.222	0.235	0.246	0.269	0.272	0.282	0.290	0.312	0.326	0.253	0.252	17
海南	0.142	0.144	0.160	0.195	0.229	0.246	0.251	0.272	0.306	0.316	0.303	0.285	0.294	0.346	0.363	0.257	16
重庆	0.230	0.252	0.213	0.220	0.233	0.229	0.324	0.335	0.391	0.375	0.359	0.336	0.337	0.389	0.430	0.310	8
四川	0.188	0.193	0.196	0.219	0.222	0.225	0.239	0.249	0.261	0.281	0.292	0.292	0.290	0.293	0.328	0.251	18
贵州	0.132	0.131	0.142	0.145	0.158	0.155	0.148	0.153	0.160	0.173	0.204	0.226	0.250	0.275	0.317	0.185	25
云南	0.221	0.223	0.218	0.217	0.218	0.226	0.232	0.230	0.236	0.248	0.241	0.253	0.273	0.283	0.280	0.240	20
陕西	0.151	0.149	0.181	0.207	0.212	0.227	0.243	0.258	0.247	0.256	0.285	0.272	0.274	0.292	0.308	0.237	21
甘肃	0.119	0.114	0.140	0.141	0.154	0.149	0.149	0.147	0.156	0.160	0.167	0.159	0.148	0.155	0.146	0.147	27
青海	0.103	0.108	0.116	0.123	0.137	0.147	0.159	0.161	0.179	0.185	0.186	0.180	0.183	0.184	0.147	0.153	26
宁夏	0.095	0.102	0.108	0.110	0.126	0.131	0.132	0.130	0.123	0.122	0.119	0.117	0.135	0.183	0.147	0.127	30
新疆	0.154	0.158	0.151	0.156	0.141	0.139	0.129	0.130	0.128	0.122	0.119	0.117	0.117	0.118	0.123	0.133	29
最大值	0.315	0.335	0.327	0.327	0.350	0.366	0.375	0.386	0.437	0.456	0.485	0.502	0.665	0.701	0.844		
最小值	0.095	0.102	0.108	0.110	0.126	0.131	0.125	0.130	0.123	0.122	0.119	0.117	0.117	0.118	0.123		
均值	0.204	0.207	0.210	0.218	0.228	0.230	0.244	0.255	0.271	0.281	0.287	0.294	0.310	0.339	0.373		
标准差	0.061	0.061	0.054	0.054	0.056	0.061	0.066	0.071	0.081	0.087	0.094	0.100	0.122	0.151	0.208		

对比结果显示,SBM-U 模型和虚拟前沿面 SBM-U 模型得到中国工业大气环境效率值变化趋势呈现高度一致(见图 4-5),但相比 SBM-U 模型测算的效率值,基于虚拟前沿面 SBM-U 模型测算的效率值更小,这充分说明虚拟前沿面 SBM-U 模型完美继承了 SBM-U 模型特点。

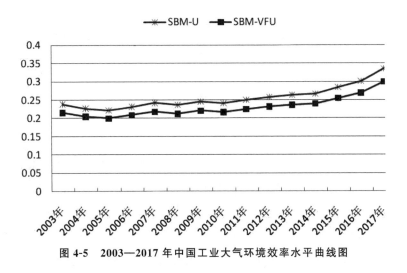

图 4-5　2003—2017 年中国工业大气环境效率水平曲线图

通过 SBM-U 模型的测度结果(见表 4-4)看到,2003—2017 年的评价结果中总共出现了 8 项决策单元位于生产前沿面,即决策单元效率值为 1(加粗标注),并且同一个年份会同时出现多个决策单元的效率值为 1,如 2016 年同时出现两个有效决策单元,分别为福建和广东;2017 年同时出现四个有效决策单元,分别为北京、天津、上海和广东。对比虚拟前沿面 SBM-U 模型测度的测度结果(见表 4-5)可知,2003—2017 年中的所有决策单元的效率值都小于 1,其中 SBM-U 模型评价中出现的 8 个有效决策单元中仅有 2017 年北京、天津两个决策单元的工业大气环境效率值为最大值 0.844,其他 6 个(占有效策单元总数的 75%)决策单元被显著区分出来,充分论证虚拟前沿面 SBM-U 测算的结果可以较好地区分强有效决策单元和弱有效决策单元,实现效率值大小的排序。

综上所述,通过 SBM-U 模型和虚拟前沿面 SBM-U 模型的测算结果对比分析发现,本书提出的虚拟前沿面 SBM-U 模型既继承了 SBM-U 模型非期望处理优点,又在一定程度上弥补了 SBM-U 模型的缺陷,能够有效地评价 2003—2017 年中国 30 个省市的工业大气环境效率值,实现了对强弱有效决策单元的区分,解决决策单元的合理排序问题。因此下一节将基于虚拟前沿面 SBM-U 模型对工业大气环境效率的测算结果进行详细分析。

4.3.2 基于虚拟前沿面 SBM-U 模型的测度结果分析

4.3.2.1 中国区域工业大气环境效率总体分析

通过中国工业大气环境效率水平曲线图(见图 4-5)发现:其一,2003—2017 年期间中国工业大气环境效率总体上呈现阶段式且平缓的增长趋势,但总体的效率值并不高,2017 年效率值达到最高值为 0.30,距离生产前沿面还有 70% 的改进空间。其二,中国工业大气环境效率增长态势向好。具体来看,第一阶段为 2003—2007 年,中国工业大气环境效率呈现 V 形增长趋势,2005 年出现最低值(0.20),并且是 15 年中的最小值,年均增长速度为 0.33%;第二阶段为 2008—2010 年,中国工业大气环境效率呈现倒 V 形增长趋势,2009 年为最大值(0.22),年均增长速度为 1.05%;第三阶段为 2011—2017 年,中国工业大气环境效率呈现较为快速且连续的直线增长趋势,年均增长速度达到 4.90%。可见,尽管中国工业大气环境效率水平不是特别高,但近几年的年均增长速度明显得到较大的提高,说明在国家政府高度重视建设资源节约型、环境友好型社会的背景下,中国工业大气环境质量得到有效的改善,但仍有较大的空间需要努力。

基于虚拟前沿面 SBM-U 模型的测度结果显示(表 4-5):首先,中国各省市工业大气环境效率均值排在第一的是东部地区的广东,效率值达到 0.443,与最低的宁夏(0.127)相比,高出了 0.316;中部地区最高值为吉林,达到了 0.289,与最低的宁夏(0.127)相比,高出了 0.162;西部地区最高值为重庆,达到了 0.310,与最低的宁夏(0.127)相比,高出了 0.183。

其次,将工业大气环境效率均值分为四个区间(见表 4-6 和图 4-6)发现,中国 30 个省市的效率均值总体上偏低。具体如下,效率均值最高($0.4 \leqslant x <$

0.5)的地区只有广东和天津,占全国 30 个省市的 6.67%;在中上水平(0.3≤
x<0.4)的地区数有 6 个,占全国 30 个省市的 20%,5 个属于东部省市,只有
重庆是西部省市;在中下水平(0.2≤x<0.3)的地区数有 16 个,占全国 30 个
省市的 53.33%,依次分布在西部地区(6 个)、中部地区(6 个)、东部地区(4)
个;在低等水平(0.1≤x<0.2)的地区数有 6 个,占全国 30 个省市的 20%,依
次分布在西部地区(5 个)、中部地区(1 个)。

表 4-6　2003—2017 年中国工业大气环境效率均值分布表

水平	效率平均值 (x)	合计 (个数)	东部省份	中部省份	西部省份
高等水平	x≥0.4	2	广东、天津	——	——
中上水平	0.3≤x<0.4	6	福建、上海、北京、浙江、江苏	——	重庆
中下水平	0.2≤x<0.3	16	山东、海南、河北、辽宁	吉林、湖南、安徽、湖北、江西、河南	广西、四川、内蒙古、云南、陕西、黑龙江
低等水平	0.1≤x<0.2	6	——	山西	贵州、青海、甘肃、新疆、宁夏

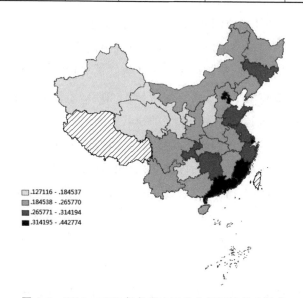

图 4-6　2003—2017 年各省市工业大气环境效率均值

由此可见,第一,中国省域间工业大气环境效率不均衡态势明显,省市间的差距呈增大趋势;第二,大部分省市工业大气环境效率水平偏低,集中在中等偏下水平区间;第三,各省市工业大气环境效率区域差异特征显著,东部省份工业大气环境效率集中在高等或者中等水平,中部省份工业大气环境效率集中在中下水平,西部省市工业大气环境效率集中在中下或者低等水平。

4.3.2.2 中国各省市工业大气环境效率演化分析

通过 2003 年、2010 年、2017 年各省市工业大气环境效率值的四分位图(见图 4-7)发现,中国各省市工业大气环境效率水平具有以下几个特征:总体上呈现增长态势;具有明显的地带差异性,且邻近省市之间的环境效率值逐步趋于相同水平;呈现东高西低的布局;北京、天津、上海的工业大气环境效率水平出现较大水平的提高。

具体来看:2003 年,东部地区主要以山东、江苏、浙江、福建和广东形成高水平的线状空间布局,中部地区主要以河南、安徽、江西、湖南、湖北形成中高水平的面状空间布局,西部地区主要以不同水平的点状空间布局为主,主要以中低水平和低水平布局为主。2010 年,东部地区以北京和天津、福建和广东分别呈现高水平的线状空间布局,山东、江苏和福建形成中高水平的线状空间布局;中部地区以河南、安徽、江西、湖南形成中高水平的环状空间布局,西部地区以新疆、甘肃、青海、宁夏形成低水平的面状空间布局。2017 年东部地区以北京、天津形成高水平的线状空间布局,上海、广东形成高水平的点状空间布局,江苏、浙江、福建形成中高水平的线状空间布局;中部地区形成重庆、湖北、湖南、安徽形成中高水平的环状空间布局;西部地区以四川、云南、贵州和广西形成中低水平的环状布局,以新疆、青海、甘肃、宁夏、内蒙古五个地区形成低水平的线状空间布局。另外,以 2017 年为例(见表 4-5),中国工业大气环境效率水平排在高水平($0.584050 \leqslant x < 0.84444$)的有北京、天津、广东、上海共 4 个地区;排在中高水平($0.362920 \leqslant x < 0.584049$)的有江苏、浙江、福建、吉林、重庆、湖南、湖北和安徽共 8 个地区;排在中低水平($0.225348 \leqslant x < 0.362919$)的有海南、山东、四川、贵州、陕西、河南、江西、云南、河北和广西共 10 个地区;排在低水平($0.122777 \leqslant x < 0.225347$)的有辽宁、内蒙古、黑龙江、

山西、青海、甘肃、宁夏和新疆共 8 个地区。

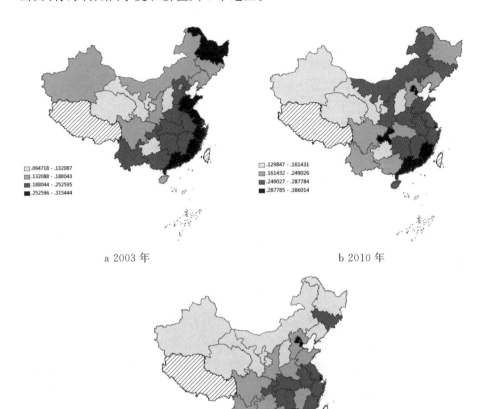

a 2003 年　　　　　　　　　　b 2010 年

c 2017 年

图 4-7　2003 年、2010 年、2017 年各省市工业大气环境效率均值

可见,东部地区的工业大气环境效率区位空间布局中的高水平、中高水平省市数量略有减少,高水平所属地区也发生"翻天地覆"的变化,中低水平和低水平区域数出现增加。中部地区的高水平和中高水平区域数量减少,中低水平和低水平区域面积逐步扩大,且中高水平区域面积仍最大,总体上呈现面状空间布局。西部地区的中高水平区域减少,最后只剩重庆一个地区,总体上呈面状空间布局,说明中、西部地区的工业大气环境效率出现空间扩散效应,这可能是由于中、西部地区积极承接了大量的低端产业、高耗能、高污染产业有关,由此导致中、西部地区的总体水平仍处于最低位置。

4.3.2.3 中国各省市工业大气环境效率增长趋势分析

图 4-8 为中国 30 个省市工业大气环境效率的均值和年均增长率的示意图,横轴为均值,纵轴为年均增长率。第一象限代表双高,该象限的特点为高的工业大气环境效率均值和高的年均增长速度;第二象限代表一低一高,该象限的特点为低的工业大气环境效率均值和高的年均增长速度;第三象限代表双低,该象限的特点为低的工业大气环境效率均值和低的年均增长速度;第四象限代表一高一低,该象限的特点为高的工业大气环境效率均值和低的年均增长速。

观察中国 30 个省市的工业大气环境效率的变动情况(见图 4-8),结果显示:落在第一象限的主要省市有广东、天津、福建、上海、北京、重庆、吉林、湖南、安徽共 9 个省市,占全国的 30%,其中有 5 个省市为东部区域,3 个省市为中部区域和 1 个西部区域;落在第二象限的省市有贵州、四川、陕西、湖北和海南等 5 个,占全国的 16.67%,其中有 1 个省市为东部区域,1 个省市为中部区域和 3 个西部区域;落在第三象限的省市有宁夏、山西、青海、甘肃、新疆、辽宁、内蒙古、黑龙江、河北、湖南、江西、广西、云南等 13 个省市,占全国的 43.33%,其中有 2 个省市为东部区域,有 4 个省市为中部地区和有 7 个省市为西部地区;落在第四象限的省市有浙江、江苏和山东共 3 个省市,占全国的 10%,全部为东部地区。

上述现象揭示:第一,中国工业大气环境效率的地区差异性较为显著,东部地区的大部分省份的工业大气环境效率不仅呈现快速的增长趋势还呈现较大的增加幅度,而中、西部地区大部分省份都处于较低的增长速度且较低的增加值,即经济较为发达省份其工业大气环境效率也相对偏高,而经济欠发达地区其工业大气环境效率也相对偏低;第二,全国只有不到三分之一的省市落入第一象限,表现为工业大气环境效率发展趋势较为理想,工业经济发展与大气环境的协调发展;而其他三分之二省份工业大气环境效率的发展趋势不容乐

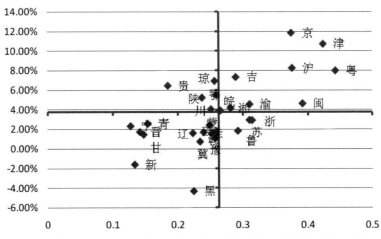

图 4-8　中国 30 个省市工业大气环境效率的均值和年均增长率的示意图

观,即工业经济发展与大气环境出现失衡状态。

　　这说明东部地区拥有较为雄厚的经济实力、较高的技术水平、较为丰富的人才资源等区位优势,在发展经济的同时能够更好地兼顾环境的发展,能较好地实现经济与环境的协调发展。中、西部地区虽然也具有较为丰富的资源禀赋,但因地理条件限制导致其经济水平低下,人才资源匮乏,资源未能得到充分的利用,人们的环境保护意识较为薄弱,加上近年来还承接了一些环境污染较为严重的产业转移,从而导致其工业大气环境效率水平低下,环境和经济处于极其不协调的状态。

4.3.2.4　东、中、西部地区工业大气环境效率均值分析

　　由前文分析可知,工业大气环境效率水平较高的地区大部分都属于东部地区,且大多属于经济较为发达的地区。工业大气环境效率水平较低的地区大部分都属于西部地区,且大多属于经济较欠发达的地区。

　　通过东、中、西部地区的工业大气环境效率均值曲线图(见图 4-9)发现:首先,中国工业大气环境效率呈现东高西低的增长态势,且随着时间的前移,东部地区不断拉大与中、西部地区的距离,2017 年东部地区工业大气环境效率均值达到最大值(0.54),比中部地区大 1.69 倍,比西部地区大 2.25 倍。其

次,东部地区的工业大气环境效率均值呈现持续地增长趋势,年均增长速度为
5.99%,其中 2003—2010 年呈现较为平缓的增长态势,年均增长速度为
3.64%,2011—2017 年呈现较为快速的增长趋势,年均增长速度达到 8.5%,
尤其是 2014—2017 年间年均增长速度达到 13.48%;中部地区的工业大气环
境效率呈现波动变化较为频繁的一个区域,年均增长速度为 2.86%,其中
2008 年、2013 年出现小幅下滑,2003—2007 年、2009—2012 年、2014—2017
年分别以 0.21%、4.37%、5.36% 的年均增长率逐步快速提升。西部地区的工
业大气环境效率的年均增长率为 3.09%,其中在 2003—2013 年呈现持续的缓
慢增长趋势,年均增长速度为 3.94%,2014 年出现微小的下滑,2015—2016 年
继续呈现增长趋势,年均增长速度为 4.23%,2017 年出现相对较大幅度的
下滑。

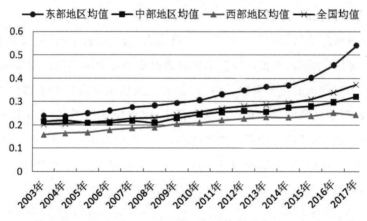

图 4-9　2003—2017 年东、中、西部及全国工业大气环境效率均值曲线图

　　通过分析可以发现,首先,中国工业大气环境效率区域特征呈现东高西低
的格局,并且东部与中、西部工业大气环境效率差距被进一步拉大,进而形成
东部强者更强、西部弱者更弱的局面,为此中、西部地区迫切需要采取措施,快
速改变当前落后局面;其次,还能看到中、西部地区在这 15 年中工业大气环境
效率水平增加幅度极其微小;最后,相对于中部、西部工业大气环境效率波动
上升,东部工业大气环境效率的提升呈持续且稳定的趋势,这充分说明中、西
部的工业大气治理要以东部地区为参考对象,探寻工业大气治理成效时好时

坏的原因,稳步推动工业大气环境质量提升。

4.3.2.5 工业大气环境效率的投入产出冗余率分析

为了进一步探索造成中国各省市工业大气环境无效率的内在原因,探寻实现资源的优化配置方向,本节分别从投入、非期望产出、期望产出无效率三个方面对各省市投入产出要素的改进空间进行测度,但因在测度结果中不存在工业增加值产出不足情况,故本书只需对要素投入冗余和非期望产出冗余情况进行分析。本书采用各决策单元冗余除以该决策单元实际投入值得到投入产出冗余率指标,结果如表 4-7 所示。

表 4-7　各省市工业大气环境效率的年均投入产出冗余率表

(%)

	工业能源消耗	工业人力资本	工业固定资本	工业二氧化碳	工业二氧化硫	工业烟粉尘
北京	0.449	0.544	0.311	0.493	78.974	89.440
天津	0.354	0.470	0.254	0.418	68.659	88.138
河北	0.767	0.598	0.473	0.851	96.124	96.383
辽宁	0.633	0.685	0.543	0.767	95.490	96.361
上海	0.350	0.649	0.392	0.401	55.014	88.087
江苏	0.427	0.695	0.420	0.564	83.728	90.884
浙江	0.476	0.720	0.342	0.514	82.319	90.789
福建	0.323	0.660	0.121	0.506	85.430	89.495
山东	0.482	0.669	0.450	0.686	88.088	94.216
广东	0.230	0.619	0.170	0.396	76.684	88.112
海南	0.702	0.454	0.600	0.722	87.345	92.386
东部地区	**0.482**	**0.652**	**0.365**	**0.628**	**88.079**	**92.532**
山西	0.833	0.765	0.685	0.885	98.533	98.536
吉林	0.511	0.534	0.498	0.676	94.151	93.753
黑龙江	0.657	0.663	0.621	0.767	96.926	96.276
安徽	0.749	0.616	0.422	0.729	94.900	94.451

续表

	工业能源消耗	工业人力资本	工业固定资本	工业二氧化碳	工业二氧化硫	工业烟粉尘
江西	0.584	0.719	0.401	0.720	96.307	96.866
河南	0.629	0.707	0.448	0.734	94.614	95.980
湖北	0.612	0.613	0.464	0.720	91.997	93.976
湖南	0.624	0.663	0.283	0.716	96.054	95.692
中部地区	**0.671**	**0.670**	**0.481**	**0.752**	**95.864**	**96.112**
内蒙古	0.760	0.380	0.557	0.810	96.966	98.257
广西	0.644	0.621	0.433	0.775	97.452	97.820
重庆	0.581	0.569	0.280	0.677	92.400	96.876
四川	0.658	0.612	0.469	0.729	93.806	96.370
贵州	0.798	0.609	0.611	0.859	97.270	98.931
云南	0.761	0.436	0.594	0.839	95.644	97.661
陕西	0.590	0.598	0.590	0.694	95.756	97.367
甘肃	0.847	0.678	0.744	0.880	97.343	98.768
青海	0.879	0.510	0.788	0.900	98.408	98.063
宁夏	0.913	0.673	0.770	0.926	98.603	99.184
新疆	0.889	0.656	0.813	0.913	98.511	98.752
西部地区	**0.740**	**0.577**	**0.575**	**0.804**	**96.471**	**97.891**
平均值	0.620	0.701	0.527	0.733	94.245	96.012

第一,从全国均值上来看,非期望产出冗余率远超过各项投入冗余率。其中,从非期望产出冗余率来看,工业二氧化硫和工业烟粉尘的产出冗余率最高,大多数省市达到90％以上,工业二氧化碳冗余率相对较低,不足1％。从投入冗余率来看,工业人力资本、工业能源消耗、工业固定资产冗余率均相对较低,总体上呈现工业人力资本冗余率＞工业能源消耗冗余率＞工业固定资本冗余率。

第二,通过对比东、中、西部地区冗余率可知,非期望产出冗余率远超过投入冗余率,具体而言,西部非期望产出冗余率＞中部非期望产出冗余率＞东部非期望产出冗余率;除工业人力资本外,其他投入产出指标冗余率呈现高度一致,均是西部投入冗余率＞中部投入冗余率＞东部投入冗余率,而工业人力资本则表现为东部地区投入冗余率最高,西部投入冗余率最低。

第三,从各省市来看,2003—2017 年工业大气环境效率均值排在前五的广东、天津、福建、上海和北京来看,其工业能源消耗的冗余率排名依次为 30、27、29、28、25;在工业人力资本投入的冗余率排名依次为 16、27、12、14、24;在工业固定资本投入的冗余率排名依次为 29、28、28、23、25。从产出冗余率来看,广东、天津、福建、上海和北京在工业二氧化碳的冗余率排名依次为 29、28、30、23、25;在工业二氧化硫的冗余率排名依次为 28、29、24、30、27;在工业烟粉尘的冗余率排名依次为 29、28、26、30、27。可见,具有高水平工业大气环境效率的地区的主要在于其非期望产出冗余率和要素投入冗余率都较低,同时可以看到投入冗余率中工业人力资本的投入冗余率最高,福建、上海和广东都排在较为靠前,天津和北京相对靠后。

综上所述,非期望产出冗余是中国工业大气环境效率较低的直接原因,并且呈现非期望产出冗余率远超过各项投入冗余率。换言之,工业二氧化碳、二氧化硫和烟粉尘等工业大气污染物的大量排放是制约中国工业大气环境效率的直接原因,因此降低非期望产出冗余率(控制排放量)将有利于提高中国工业大气环境效率水平。具体而言,首先非期望产出指标方面,工业烟粉尘冗余率＞工业二氧化硫冗余率＞工业二氧化碳冗余率;投入指标方面,工业人力资本投入冗余率＞工业能源消耗投入冗余率＞工业固定资产投入冗余率,人力资本对工业大气环境效率的提升起着举足轻重的作用。其次,工业大气环境效率水平较高的省市工业非期望产出冗余率和投入冗余率都较低,同时人力资本冗余率呈现东高西低,其他指标均呈现西高东低。最后,从东、中、西部地区来看,也呈现非期望产出冗余率大于投入冗余率,且投入产出冗余率呈现西部地区＞中部地区＞东部地区。可见,各区域、省市投入和产出冗余均存在相对较大差异,各区域、省市要立足实际、因地制宜采取针对性措施从投入、产出角度提升工业大气环境效率。

4.4 中国省域工业大气环境效率的差异性分析

通过以上的研究发现,首先在样本研究期间中国 30 个省市和东、中、西三大区域的工业大气环境效率存在明显的地区差异性;其次通过对比来看,经济较为发达省份,其工业大气环境效率也相对偏高,而经济欠发达地区其工业大气环境效率也相对偏低。因此,本书尝试通过变异系数和泰尔指数探讨区域之间及区域内工业大气环境效率的差异,进而更为准确地辨别区域发展的差异性。

4.4.1 中国省域工业大气环境效率的变异系数分析

变异系数(CV:Coefficient of Variance)是各观测数据标准差与平均值的比值,用于测量区域工业大气环境效率的差异程度。公式如下:

$$\mathrm{cv}_t = \frac{\sqrt{\sum_{i=1}^{n}(y_{it} - \bar{y}_t)^2/n}}{\bar{y}_t} \tag{4-4}$$

其中,y_{it}为样本 i 第 t 年的取值,$\bar{y}_t$ 为所有样本在第 t 年的平均值,n 为样本总量。

数据显示(见图 4-10):从全国来看,中国工业大气环境效率变异数呈现增长的趋势。从东、中、西部来看,三大地区呈现不规律的增长趋势,其中 2003—2014 年期间,西部地区的变异系数保持最大值,且在该期间东部地区和中部地区的变异系数差距较小,数值极为接近,基本处于同步的变动趋势;2015—2017 年期间,东部地区的变异系数出现快速增加并超过西部地区,且保持在最大值。此外,还发现在 2009—2011 年期间西部地区的变异系数出现大幅度增加,2012—2015 年期间开始出现下滑。可见,东、中、西部地区工业大气环境效率的变异系数呈增长趋势,其中西部地区的区域差异程度最大。

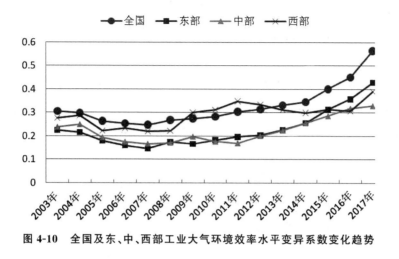

图 4-10　全国及东、中、西部工业大气环境效率水平变异系数变化趋势

4.4.2 中国省域工业大气环境效率的泰尔指数分析

1967 年经济学家泰尔基于信息理论学中的熵值概念计算收入水平之间的差异,提出了泰尔指数(Theil 指数)。随后,泰尔指数被广泛应用于识别经济社会的差异性分析,具体公式如下:

$$T = \frac{1}{n} \sum_{i=1}^{n} \frac{y_i}{\bar{y}} \log\left(\frac{y_i}{\bar{y}}\right) \tag{4-5}$$

其中 y_i 与 $\bar{y}$ 分别代表第 i 个个体的收入和所有个体的平均收入。泰尔指数不仅能识别总体差异性,同时也能将总体差异分解为群组内和群组间差异。本书借助泰尔指数从时间维度和空间维度分析总体、组内、组间工业大气环境效率的变动趋势和变动幅度,进而判断工业大气环境效率的区域内和区域间差异比重及其贡献率。因此设定中国工业大气环境效率的泰尔指数公式如下:

$$T = \frac{1}{n} \sum_{i=1}^{n} \frac{\text{aee}_i}{\overline{\text{aee}}} \log\left(\frac{\text{aee}_i}{\overline{\text{aee}}}\right) \tag{4-6}$$

其中 aee_i 表示省份 i 的工业大气环境效率,$\overline{\text{aee}}$ 分别代表 30 个省市平均

工业大气环境效率值。泰尔指数 T 的取值范围为 $0\sim1$ 之间,数值越大,表明工业大气环境效率的总体差异越大;数值越小,表明工业大气环境效率的总体差异越小。

同时,如上文所述,当衡量的样本可分为多个区域时,泰尔指数可分解为组内差距和组间差距,以更好地衡量区域内和区域间工业大气环境效率差异对总工业环境效率差异的贡献,具体公式如下:

$$T = T_b + T_w = \sum_{k=1}^{K} \mathrm{aee}_k \log \frac{\mathrm{aee}_k}{n_k/n} + \sum_{k=1}^{K} \mathrm{aee}_k \left(\sum_{i \in gk} \frac{\mathrm{aee}_i}{\mathrm{aee}_k} \log \frac{\mathrm{aee}_i/\mathrm{aee}_k}{1/n_k} \right) \tag{4-7}$$

$$T_b = \sum_{k=1}^{K} \mathrm{aee}_k \log \frac{\mathrm{aee}_k}{n_k/n} \tag{4-8}$$

$$T_w = \sum_{k=1}^{K} \mathrm{aee}_k \left(\sum_{i \in gk} \frac{\mathrm{aee}_i}{\mathrm{aee}_k} \log \frac{\mathrm{aee}_i/\mathrm{aee}_k}{1/n_k} \right) \tag{4-9}$$

其中 T_b 为区域间差距,T_w 为区域内差距,K 为样本工业大气环境效率划分群组数,第 K 组群组表示为 $g_k(k=1,2,\cdots,K)$,个体数目为 n_k 且 $\sum_{k=1}^{K} n_k = n$;aee_k 分别表示某群组 k 的工业大气环境效率总值。

4.4.2.1 中国三大区域工业大气环境效率的泰尔指数

2003—2017 年东、中、西部工业大气环境效率的泰尔指数变化趋势(见图 4-11)显示:第一,东、中、西部地区的工业大气环境效率差异总体上呈现增长态势;第二,2003—2008 年间东、中、西部地区工业大气环境效率的泰尔指数出现同步上升趋势且三大地区的泰尔指数较为接近;2009—2015 年东、中部地区的泰尔指数仍保持在同一个水平,但西部地区出现大幅度增加,且远大于东、中地区;2016—2017 年东部地区呈现较大的幅度增长,中部地区仍呈现较为缓慢的增长趋势,且 2017 年相较 2016 年增长幅度明显放缓。西部地区呈现先降后升的态势。第三,2003—2015 年期间显示西部地区泰尔指数出现了较大的波动且一直处于最上方,东部和中部的工业大气环境效率的泰尔指数波动幅度较小、波动趋势较为一致、泰尔指数大小较为接近,且呈现较为稳定的增长趋势。2016—2017 年显示东部地区泰尔指数超过西部地区成为最大,在 2017 年呈现东高中低格局。总体上来说,西部地区的内部差异性最大,中部地区的内部差异性最小。

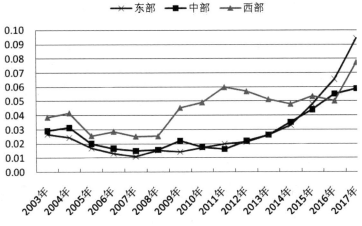

图 4-11　2003—2017 年东、中、西部工业大气环境效率的泰尔指数变化趋势

4.4.2.2 整体工业大气环境效率组内差异和组间差异的泰尔指数分析

通过中国工业大气环境效率组内差异和组间差异的泰尔指数及贡献率(见表 4-8 和图 4-12)可以看出,第一,中国工业大气环境效率的总泰尔指数呈现增大态势,2017 年是 2003 年的 3.09 倍;与此同时,中国工业大气环境效率的总泰尔指数的增长态势具有明显的阶段性特征,2003—2007 年呈现递减的趋势,2008—2017 年呈现持续的增长趋势,同时可以看到 2015 年开始呈现快速的增长态势。第二,组内泰尔指数和组间泰尔指数均呈现阶段式增长态势,2003—2007 年组内泰尔指数呈现下降趋势,组间泰尔指数呈现增长趋势;2008—2017 年组内泰尔指数、组间泰尔指数均呈现逐渐的增长趋势,除 2009 年组间泰尔指数相对 2008 年下滑 0.04 外,2017 年组内和组间泰尔指数均达到最大值,分别为 0.0821、0.0602。第三,从总体上来看,组内的泰尔指数在 0.0163～0.0821,贡献率平均在 62.75%,组间的泰尔指数 0.0124～0.0602,贡献率平均在 37.25%,表明组内差异是影响总体差异的主要方面,并且组内差异明显大于组间差异,组内差异的贡献率大约平均是组间差异的 1.68 倍,即地区内的差距是总体差距的主要来源。可见,中国工业大气环境效率水平处于发散态势,并且工业大气环境效率的主要差异来自于地区内差异。

表 4-8　整体工业大气环境效率组内差异和组间差异的泰尔指数及贡献率

	总泰尔指数	组内泰尔指数	组间泰尔指数	组内贡献率（％）	组间贡献率（％）
2003 年	0.0461	0.0308	0.0153	66.80	33.22
2004 年	0.0441	0.0315	0.0126	71.43	28.57
2005 年	0.0346	0.0204	0.0142	59.04	40.98
2006 年	0.0322	0.0188	0.0135	58.24	41.73
2007 年	0.0304	0.0163	0.0141	53.67	46.33
2008 年	0.0349	0.0186	0.0164	53.11	46.89
2009 年	0.0383	0.0259	0.0124	67.51	32.49
2010 年	0.0405	0.0271	0.0134	66.97	33.03
2011 年	0.0463	0.0310	0.0153	66.89	33.11
2012 年	0.0495	0.0322	0.0172	65.14	34.86
2013 年	0.0539	0.0338	0.0201	62.68	37.32
2014 年	0.0583	0.0379	0.0204	65.00	35.02
2015 年	0.0754	0.0485	0.0269	64.37	35.63
2016 年	0.0938	0.0588	0.0349	62.72	37.27
2017 年	0.1423	0.0821	0.0602	57.70	42.30

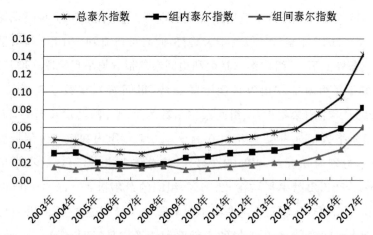

图 4-12　中国工业大气环境效率总差异、组内差异和组间差异的变化趋势

4.5 本章小结

第一,本章以全国 30 个省市、东、中、西部地区为研究对象,从总量、强度、年均排放量和年均工业增加值为视角对工业大气污染物排放的现状进行分析。结果显示:(1)中国工业大气污染物的排放总量得到有效控制,排放强度呈现相对较快的递减趋势,这充分说明中国工业大气污染物减排工作取得一定的成效,经济发展方式已开始向绿色经济发展方式转变。(2)中国大部分省市的工业经济仍未摆脱三高一低的粗放型增长模式:36.67%的省市处于高增长高排放,40%的省市处于低增长低排放,13.33%的省市处于高增长低排放,10%的省市处于低增长高排放。其中,高增长高排放省市集中在东部,低增长低排放省市集中在西部,说明当前中国工业大气环境质量仍较为严峻,区域间工业大气污染物排放不平衡态势明显。(3)从东、中、西部地区来看,首先工业二氧化碳呈现缓慢的增长趋势,工业二氧化硫和工业烟粉尘排放量均呈现递减趋势。其次,不同工业大气污染物排放存在显著的区域差异特征,工业二氧化碳呈现东高西低,工业二氧化硫呈现东高中低,工业烟粉尘呈现中高西低。

第二,首先通过虚拟前沿面 SBM-U 模型和 SBM-U 模型对 2003—2017 年工业大气环境效率进行测算。实证结果显示,本书提出的虚拟前沿面 SBM-U 模型既继承了 SBM-U 模型非期望处理优点,又在一定程度上弥补了 SBM-U 模型的缺陷,能够有效地评价中国 30 个省市的工业大气环境效率值,且实现了对强弱有效决策单元的区分,进而实现决策单元的有效排序问题。其次根据虚拟前沿面 SBM-U 模型的测算结果显示:(1)当前中国各省市工业大气环境效率呈现增长的趋势,工业大气环境质量得到较大幅度的改善,但同时也发现效率值仍偏低,2017 年达到最大值 0.3,减排压力较大。其中 2011—2017 年间在绿色发展、建设"两型"社会的背景下,中国工业大气环境效率水平的年均增长速度明显得到较大的提高。(2)中国省域间工业大气环境效率不均衡态势明显,省域间的差距呈增大趋势;且邻近省市之间的环境效率值逐步趋于相同水平区域(空间集聚特征),存在显著的区域依赖性;与此同时还呈现东高西低的布局。(3)只有不到三分之一的省市工业大气环境效率呈现工业经济发展与大气环境的协调发展,超过三分之一的省市工业大气环境效率的发展趋势不容乐观,即工业经济发展与大气环境出现失衡状态,说明要实现中国工业经济的可持续发展之路任重而道远。(4)随着时间的前移,东部地区的工业大气环境效率值不断拉大与中西部地区的距离,形成东部强者更强、西部弱者更弱的局面。此外,还能看到中西部地区在这15年中工业大气环境效率水平增加幅度极其微小,这充分说明中西部的工业大气治理要以东部地区为参考对象,探寻中西部工业大气治理成效时好时坏的原因,稳步推动工业大气环境质量提升。(5)从投入产出冗余率来看,首先工业二氧化碳、二氧化硫和烟粉尘等工业大气污染物大量排放是制约中国大气环境效率的直接原因,因而降低非期望产出冗余率(控制排放量)有利于提高中国工业大气环境效率水平。具体而言,首先非期望产出指标方面,工业烟粉尘冗余率>工业二氧化硫冗余率>工业二氧化碳冗余率,投入指标方面,工业人力资本投入冗余率>工业能源消耗投入冗余率>工业固定资产投入冗余率。其次,人力资本对工业大气环境效率的提升起着举足轻重的作用。最后,各区域、省市投入和产出冗余存在相对较大差异,工业大气环境效率水平较高的省市工业非期望产出冗余率和投入冗余率都较低,各区域、省市要立足实际、因地制宜采取针对性措施从投入、产出角度提升工业大气环境效率。

最后,通过变异系数和泰尔指数探讨中国省域工业大气环境效率差异性分析,结果显示:(1)东、中、西部地区工业大气环境效率的变异系数呈增长趋势,其中西部地区的区域差异程度最大,中部地区的内部差异性最小。(2)中国工业大气环境效率水平处于发散态势,且工业大气环境效率的主要差异来自于东、中、西部的内部差异。因此,若要提高中国工业大气环境效率水平,各省市应当向区域内的先进省份学习,缩小区域内大气环境效率水平的差距,推动区域整体大气环境效率的提升。

第 **5** 章

中国工业大气环境效率的
空间特征分析

　　已有研究显示,大气污染物在地理空间上存在明显的空间集聚和空间扩散的特征[83-85,175-177]。本书第四章的研究结果也初步显示中国省域工业大气环境效率呈现较为明显的区域差异性和地域依赖性。那么中国工业大气环境效率在经济地理空间上是否也存在类似的空间分布格局? 为此,本章尝试将空间经济学理论纳入到工业大气环境效率研究框架中,借助 ESDA 探索工具探讨 2003—2017 年中国 30 个省市工业大气环境效率在经济空间上的空间分布特征。

　　本章的主要研究内容为:首先,采用 Moran's I、Moran 散点图识别中国 30 个省市工业大气环境效率的空间格局及局域特征,判断中国工业大气环境效率是否存在一定的空间分布规律;其次,通过时空跃迁测度方法揭示中国 30 个省市工业大气环境效率空间格局的动态变化过程;最后,综合应用 Local Moran's I_i 指数及其显著性,判断中国工业大气环境效率局部空间是否存在相似或相异观测值的空间集聚,进而探究中国工业大气环境效率集群效应的空间分布及其核心区域。

5.1 研究方法介绍

探索性空间数据分析方法(ESDA:Exploratory Spatial Data Analysis)是借助描述性统计图表来了解研究对象空间分布模式、空间结构以及空间相互影响方面的特征,进而实现"让数据自己说话",即通过数据分析探索隐藏在数据中的规律、模式和趋势[178,179]。ESDA 是对一个区域单元在地理现象或某一属性值与邻近区域单元在同一个地理现象或属性值的相关程度的空间相关度量,主要分析工具有两类:(1)全局空间相关性,用于分析研究对象在整体空间的自相关程度,验证区域总体的空间分布特性,通常采用 Moran 指数(Moran's I)表示。(2)局域空间相关性,用于分析研究对象的空间异质性,识别空间集聚特征、空间非典型位置和空间异常点,观察研究对象的空间变化情况,通常采用 Moran 散点图(Moran's I_i 散点图)、局部空间联系指标(Local Moran's I_i)表示。

5.1.1 全局空间相关性检验

Moran's I 最早由 Moran(1948)提出,该指数主要是用于对全局空间相关性的度量,其数值通常介于[-1,1]。当 Moran's I 在显著性水平下[①],如果 Moran's I 介于(0,1],表明中国工业大气环境效率存在正向的空间自相关,即相似的观测值趋于空间集聚;如果 Moran's I 介于[-1,0),则表明中国工业大气效率存在负向的空间自相关,即相似的观测值趋于空间分散。当 Moran's I 未通过显著性水平且 Moran's I 接近于 0 时,表明中国工业大气环境效率不存在空间自相关关系,其空间分布呈现随机分布的状态。具体公

---

① 显著性水平:一般指 Moran 值大于正态分布在显著性水平为 0.01、0.05 或者 0.1 处的临界值。

式为：

$$\text{Moran's } I = \frac{N \sum\limits_{i=1}^{N} \sum\limits_{j=1}^{N} w_{ij} (X_i - \overline{X})(X_j - \overline{X})}{\sum\limits_{i=1}^{N} \sum\limits_{j=1}^{N} w_{ij} \sum\limits_{i=1}^{N} (X_i - \overline{X})^2} \tag{5-1}$$

其中 N 表示样本观测量，X_i 表示样本观测值，$\overline{X}$ 为样本观测值均值，w_{ij} 表示省市 i 与省市 j 的权重。此外，Moran's I 值采用公式(5-2)进行标准化。

$$z(I) = \frac{\text{Moran's } I - E(\text{Moran's } I)}{\sqrt{Var(\text{Moran's } I)}} \tag{5-2}$$

5.1.2 局部空间相关性检验

一般而言，空间探索分析采用全局空间相关检验和局部空间相关检验相结合，其中全局空间相关性主要用于探究中国工业大气环境效率整体范围空间分布，而局部空间相关性则是用于度量具体省市工业大气环境效率是否存在局部空间集聚特征，进而辨别出所有省市中哪个省市工业大气环境效率对于全局空间相关的影响更大，哪些省市局部空间类型处于不稳定状态或者被全局空间相关所掩盖。局部空间分析一般采用 Local Moran's I_i 表示，具体公式如下：

$$\text{Local Moran's } I_i = \frac{X_i - \overline{X}}{S_i^2} \sum_{j=1, j \neq i}^{N} w_{ij}(X_j - \overline{X})$$

$$S_i^2 = \frac{\sum\limits_{j=1, j \neq i}^{N} (X_j - \overline{X})^2}{N-1} \tag{5-3}$$

公式中变量含义同 Moran's I，当 Local Moran's I_i 大于 0 时，表示 i 省市工业大气环境效率和周边省市工业大气环境效率处于相似水平；当 Local Moran's I_i 小于 0 时，表示 i 省市工业大气环境效率和周边省市工业大气环境效率差异较大。为更加形象表达局部空间特征，学者一般通过绘制 Moran 散点图或者空间关联局域指标图(LISA 集聚图)展示。

5.1.3 空间权重矩阵设置

空间权重矩阵的设置作为区别空间计量经济学与传统计量经济学的核心问题,该矩阵的设置可以用来体现空间单元间的关联模式——空间的依赖性和空间的异质性程度,可见空间权重矩阵的设置非常重要。空间权重矩阵的设置存在三种情况:邻接空间权重矩阵、地理距离空间权重矩阵和经济空间权重矩阵。

(1)邻接空间权重矩阵。当前有较多学者采用邻接空间权重矩阵[180-182],该矩阵假设两个在空间上相邻的省份,它们之间应当具有相当影响程度,在空间权重矩阵中统一用 1 表示,否则用 0 表示。

(2)地理空间权重矩阵主要是遵循 Tobler(1979)地理学第一定理,该矩阵假设两个省市之间影响程度与两者之间距离相关,距离越远,影响程度越小。研究中,两个省市之间影响程度一般以两者间地理距离的倒数表示,省市地理距离采用省会城市之间的球面距离来表示[183]。

(3)经济空间权重矩阵。现实情况是,工业大气环境效率较高的地区,对工业大气环境效率低的地区的影响力更大,即产生的空间影响力更大,而工业大气环境效率较为落后的地区,对工业大气环境效率较高的地区的影响力较小,即产生的空间影响力更小,如天津对河北的影响程度显然大于河北对天津的影响程度。可见,邻接空间权重矩阵和地理空间权重矩阵两种方法不符合本课题研究内容的客观事实。因此,本书选择采用林光平等(2006)提出经济空间权重矩阵[184],即相邻地区间经济发展水平的差异程度越小,其经济上的相互联系程度就越大的假设,该方法将地理上距离相邻同地区间的经济相似性一并考虑进去。

在计算方法上,本书主要借鉴王火根和沈利生(2007)方法计算得到经济空间权重矩阵[185],具体公式如下:

$$w_{ij} = \frac{m_i m_j}{d_{ij}^2} (i \neq j) \tag{5-4}$$

其中,w_{ij} 表示省市 i 与省市 j 的权重,d_{ij} 表示 i 和 j 两个省会城市的球面距离,m_i、m_j 分别用来表示省市 i、省市 j 的经济变量,本书取各省市工业增加值,具体权重矩阵请见文末附表。

5.2 中国工业大气环境效率的空间统计研究

5.2.1 中国工业大气环境效率的全局空间分析

本书采用经济距离权重矩阵,借助 stata 软件对 2003—2017 年中国 30 个省市的工业大气环境效率进行全局空间相关性分析,得到全局 Moran's I 如表 5-1 所示,其中 $E(I)$ 是通过蒙特卡洛模拟 999 次的空间随机模式下的期望,期望值 $E(I)$ 为 -0.034,std(I) 是通过蒙特卡洛模拟 999 次的空间随机模式下的标准方差。

结果显示,第一,2003—2017 年中国工业大气环境效率均值 Moran's I 为 0.243;第二,2003—2017 年的全局 Moran's I 指数均大于 0,且通过了 5% 的显著性水平检验;第三,2003—2017 年 Moran's I 指数总体上呈现波动上升的趋势,其中 2013—2017 年 Moran's I 明显较 2003—2007 年 Moran's I 更高并且更为稳定。

综上所述,中国 30 个省市工业大气环境效率水平的分布并不是随机的,而是整体上呈现出了显著的正向空间相关性,在经济地理空间上表现具有明显的集聚趋势,即工业大气环境效率水平高的地区在空间上与其他高效率水平的地区邻近,低效率水平的地区在空间上与其他低效率水平的地区相邻。其次,随着时间的推移,中国区域工业大气环境效率的全局空间依赖性逐步增强且更为稳定。

表 5-1　2003—2017 年中国 30 个省市工业大气环境效率 Moran's I 指数

年份	I	$E(I)$	$std(I)$	z	p-value*
2003	0.193		0.095	2.387	0.008
2004	0.147		0.095	1.908	0.028
2005	0.164		0.095	2.095	0.018
2006	0.177		0.095	2.241	0.013
2007	0.197		0.094	2.455	0.007
2008	0.191		0.094	2.394	0.008
2009	0.161		0.095	2.059	0.02
2010	0.192	-0.034	0.095	2.389	0.008
2011	0.185		0.095	2.319	0.01
2012	0.191		0.095	2.384	0.009
2013	0.2		0.095	2.476	0.007
2014	0.233		0.094	2.844	0.002
2015	0.27		0.092	3.304	0.000
2016	0.245		0.093	2.997	0.001
2017	0.249		0.093	3.042	0.001

5.2.2 中国工业大气环境效率的局部空间分析

Anselin(1995)指出,局域地区的空间关联分布可能会出现全局指标所不能反映的"非典型"情况,甚至可能会出现两者相反的情况[186]。因此为了进一步分析中国工业大气环境效率的局部空间相关性特征,即辨别工业大气环境效率高－高空间关联、低－低空间关联情况,及观察一些反常局部或局部之间的不稳定空间关系,如低－高空间关联或高－低空间关联,本书将采用 Local Moran's I_i 和 Local Moran's I_i 散点图探究和展示中国区域工业大气环境效率水平的空间关联模式。

Local Moran's I_i 散点图将工业大气环境效率的集群现象分为 4 个象限,用来判断并识别某一地区与邻接地区之间的空间关系(见表 5-2),其中 HH 和 LL 表现为相似属性值的空间集聚,表示这些省市工业大气环境效率空间相关性为正相关性,即这些单元具有较大的空间正相关性;HL 和 LH 表现为相异属性的空间现象,表示这些省市工业大气环境效率空间相关性为负相关性,即这些单元为非典型区域或不稳定性区域。

表 5-2　区域工业大气环境效率水平的空间关联模式表

象限	特征	局部空间关系	空间关联模式
第Ⅰ象限	高高集聚 (HH)	工业大气环境效率水平相对较高的省市集聚	效应扩散区
第Ⅱ象限	低高集聚 (LH)	工业大气环境效率水平相对较低的省市被相对较高的省市包围	效应塌陷区
第Ⅲ象限	低低集聚 (LL)	工业大气环境效率水平相对较低的省市集聚	效应传染区
第Ⅳ象限	高低集聚 (HL)	工业大气环境效率水平相对较高的省市被相对较低的省市包围	效应极化区

通过 2003—2017 年中国工业大气环境效率水平均值 Moran 散点图(见图 5-1)可知:第一,第Ⅰ象限和第Ⅲ象限的区域为空间正相关地区,反映了中国工业大气环境效率存在正向的空间相关性。全国范围内共有 16 个省市落

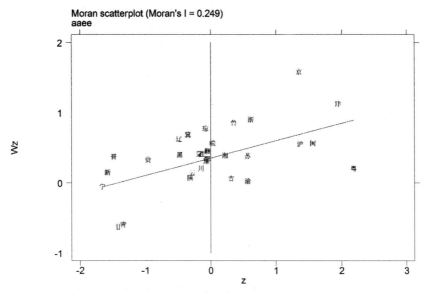

图 5-1　2003—2017 年中国工业大气环境效率水平均值 Moran 散点图

入第Ⅰ象限和第Ⅲ象限,共占据全部样本数的53.33%。其中,第Ⅰ象限和第Ⅲ象限的区域数平分秋色,各有8个省市,且第Ⅰ象限的省市主要以东部地区为主,第Ⅲ象限的省市则主要以西部地区为主。这印证 Moran's I 分析结论,中国工业大气环境效率呈现较为显著空间正相关。

第二,第Ⅱ象限和第Ⅳ象限的区域为"非典型"地区,主要是指偏离了全局空间正相关模式。落在第Ⅱ象限和第Ⅳ象限的省区数较少,有10个,占据全部样本数的33.33%。其中落入第Ⅱ象限的区域数有7个,黑龙江、内蒙古、广西、江西、河北、辽宁、海南,用 LH 表示,属于效应塌陷区;落入第Ⅳ象限的区域数有3个,吉林、重庆、广东,用 HL 表示,属于效应极化区。可见,"非典型"地区中位于 HL 和 LH 象限的省区大部分都是东部地区。此外,安徽横跨第Ⅰ象限和第Ⅱ象限,山西、贵州、湖北横跨第Ⅱ象限和第Ⅲ象限。

对比全国2003年、2010年和2017年这三年的 Moran 散点图(见图5-2a、5-2b、5-2c)可发现如下事实:第一,位于第Ⅰ象限(HH)和第Ⅲ象限(LL)所占的比重分别为56.67%、53.33%、50%,相应地位于第Ⅱ象限(LH)和第Ⅳ象限(HL)所占的比重分别为33.33%、43.33%、40%,横跨象限所占的比重分别有

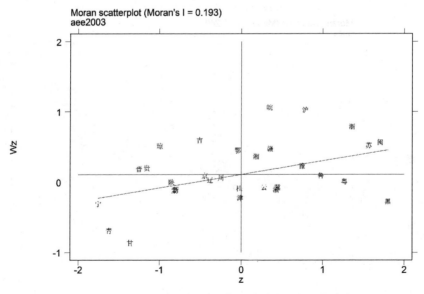

图 5-2a　2003 年各省市工业大气环境效率 Moran 散点图

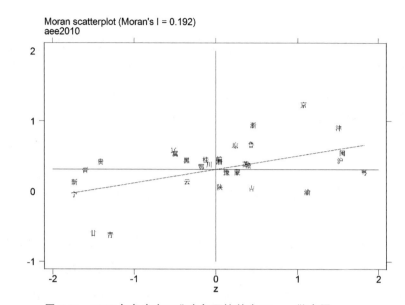

图 5-2b　2010 年各省市工业大气环境效率 Moran 散点图

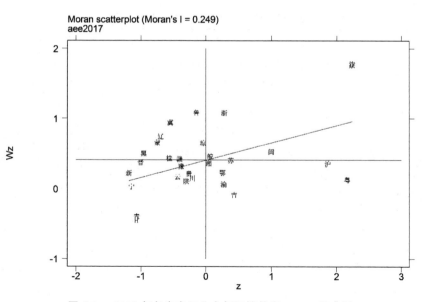

图 5-2c　2017 年各省市工业大气环境效率 Moran 散点图

10%、3.33%、10%。第二,位于 HL 和 LH 象限省区的东部沿海地区所占的比重逐渐增大,由 2003 年的 3 个地区上升至 2017 年的 6 个地区。由此可知,随着时间的推移,中国工业大气环境效率总体上仍具有较高的空间正相关性,空间正相关省市仍然占据主导地位;中国工业大气环境效率的空间异质性出现上升,空间负相关性现象凸显,即中国工业大气环境效率空间格局正在发生变化,正向的空间关联省市正逐步减少,负向的空间关联省市正逐步增加。

5.2.3 中国工业大气环境效率的时空跃迁测度分析

由 Moran 散点图的比较分析结果可知,中国工业大气环境效率空间格局正发生显著变化,故本节基于 Local Moran's I_i 散点图的基础上采用 Rey(2001)提出的时空跃迁测度方法对中国工业大气环境效率的局部空间关联类型的时空动态变化作进一步探究[187]。表 5-3 列出了时空变迁的四种类型。

表 5-3　Moran 散点图的时空变迁类型

	含　义	包含的种类
第一类变迁	某区域象限的变化。如,在 t 时期属于 HH 象限的地区在 t+1 时期迁移到 LH 象限	HH—LH,HL—LL,LL—HL,LH—HH
第二类变迁	相邻地区所属象限的变化	HH—HL,HL—HH,LL—LH,LH—LL
第三类变迁	某地区及其相邻地区所属的象限都发生了变迁	HH—LL,LL—HH,HL—LH,LH—HL
第四类变迁	某地区及其相邻地区所属象限在两个时期保持不变	HH—HH,LL—LL,HL—HL,LH—LH

对比 2003 年与 2010 年的 Moran 散点图,结果显示(见表 5-4):属于第四类变迁的省市达到 15 个,占总数的 50%,表明 2003 年与 2010 年分别有 50% 省份的工业大气环境效率呈现高度的空间稳定性。属于第一类变迁的省市有4 个,包括云南(HL—LL)、海南(LH—HH)、陕西(LL—HL)和内蒙古(LL—HL),说明云南在发展经济时付出了较大的环境代价,海南、陕西和内蒙古环境质量得到改善,但陕西和内蒙古周边环境质量仍较低。属于第二类变迁的

省市也有 4 个,包括河南(HH－HL)、辽宁(LL－LH)、广西(LL－LH)和四川(LL－LH),说明河南周边省市工业大气环境呈现恶化态势;辽宁与工业大气环境效率较高的北京、天津相邻,四川与工业大气环境效率较高的重庆相邻,广西与工业大气环境效率较高的广东相邻,故被带动作用明显。属于第三类变迁的省市有 3 个,河北(HL－LH)、黑龙江(HL－LH)、吉林(LH－HL),说明河北和黑龙江在实现经济发展的同时未能较好考虑环境问题,导致工业大气环境出现恶化,而周边省市得到了改善;吉林自身工业大气环境问题得到一定的改善,但周边环境仍有待提高。此外,属于象限边界跃迁的有 4 个,北京由 LH－LL 的边界跃迁到 HH、天津由 LL－HL 的边界跃迁到 HH、山东由 HH－HL 的边界跃迁到 HH 和山西由 LH 跃迁到 LH－LL。

2010 年与 2017 年的 Moran 散点图进行对比发现,属于第四类变迁的省市有 16 个,占总数的 53.33%,表明 53.33%省市的工业大气环境效率呈现高度的空间稳定性。还有一部分属于其他三种跃迁类型,其中属于第一类变迁的有 4 个,山东(HH－LH)、海南(HH－LH)、河南(HL－LL)、陕西(HL－LL),说明山东、海南、河南、陕西的工业大气环境质量出现下滑。属于第二类变迁的有 4 个,上海(HH－HL)、山东(HH－HL)、湖南(HH－HL)、贵州(LH－LL)、四川(LH－LL),说明上海、山东和湖南周边相邻的省市的环境质量出现下滑;贵州和四川近年来在环境上的破坏性极大。第三类变迁的省市有湖北(HL－LH)和内蒙古(HL－LH)。此外,属于象限边界跃迁的有 4 个,江苏由 HH 跃迁到 HH 和 HL 的边界,江西由 HH 跃迁到 LH 和 LL 的边界,广西由 LH 跃迁到 LH 和 LL 的边界,山西从 LH－LL 跃迁到 LL。

综上所述,中国工业大气环境效率水平在中国的空间分布上总体表现出较低的流动性、较强的空间稳定性,具有明显的"路径依赖"特征,尤其是东部和西部省市。这表明中国工业大气环境质量发展容易出现马太效应;分区域而言,因处于东部和西部之间,中部地区工业大气环境效率更容易受到东、西部交叉影响,故中部空间特征发生跃迁非常明显,这也提示中部地区一定要学习东部地区先进经验,摒弃西部地区影响,加快工业大气环境质量提升。

表 5-4　2003 年、2010 年和 2017 年各省市工业大气环境效率综合得分的空间联系模式

省 份	2003	2010	2017	省 份	2003	2010	2017
北 京	LH−LL	HH	HH	湖 北	LH	LH	HL
天 津	LL−HL	HH	HH	湖 南	HH	HH	HL
河 北	HL	LH	LH	山 西	LH	LH−LL	LL
上 海	HH	HH	HL	安 徽	HH	HH	HH
江 苏	HH	HH	HH−HL	重 庆	HL	HL	HL
浙 江	HH	HH	HH	四 川	LL	LH	LL
福 建	HH	HH	HH	贵 州	LH	LH	LL
山 东	HH−HL	HH	LH	云 南	HL	LL	LL
广 东	HL	HL	HL	陕 西	LL	HL	LL
海 南	LH	HH	LH	甘 肃	LL	LL	LL
辽 宁	LL	LH	LH	青 海	LL	LL	LL
吉 林	LH	HL	HL	宁 夏	LL	LL	LL
黑龙江	HL	LH	LH	新 疆	LL	LL	LL
江 西	HH	HH	LH−LL	内蒙古	LL	HL	LH
河 南	HH	HL	LL	广 西	LL	LH	LH−LL

5.2.4 中国工业大气环境效率的局部空间依赖格局

　　为了较好地呈现中国工业大气环境效率近年来的局部空间集聚的变化，本节通过 LISA 聚类图来考察中国工业大气环境效率的局域空间集聚统计值与显著性水平。如果某个地区出现局部 LISA 水平显著，则可能出现以下空间相互作用模式（见表 5-5）。

表 5-5　LISA 水平显著下的局域聚集情况

类型	主要特征	空间相互作用模式
High-High 集聚区	又称高—高"优势"集聚区。 主要特点:自身工业大气环境效率较高,同时也能够较好地带动周边邻接地区提高工业大气环境效率,具有正向的空间溢出效应。	扩散中心
High-Low 集聚区	又称高—低集聚区。 主要特点:尽管自身工业大气环境效率较高,不仅不能带动周边邻接地区提高工业大气环境效率,还会对周边邻接地区工业大气环境效率的提高产生负向影响。	极化中心
Low-Low 集聚区	又称低—低"劣势"集聚区。 主要特点:自身与周边邻接地区的工业大气环境效率均较低,且周边邻接的地区对该地区的抑制作用更为明显,不利于该地区工业大气环境效率的改善。	低洼中心
Low-High 集聚区	又称低—高集聚区。 主要特点:自身工业大气环境效率较低,而邻接地区呈现较高的工业大气环境效率水平,且邻接地区的高工业大气环境效率并不能促进自身的工业大气环境效率的提高。	回流中心

图 5-3 展示了 2003—2017 年中国 30 个省市工业大气环境效率均值的局部 LISA 显著性集聚图。其中,红色省域表示 High-High 集聚区,黄色省域代表 High-Low 集聚区,白色省域代表 Low-High 集聚区,蓝色省域代表 Low-Low 集聚区,灰色省域代表局部空间自相关不显著[①]。通过图 5-3 可以看出,中国工业大气环境效率水平均值表现出东、西部地区空间分块现象。东部地区的北京、天津、福建呈现高—高"优势"集聚状态,说明这些地区不仅自身工业大气环境效率水平较高,并且能够有效提高周边邻接地区的工业大气环境效率,具有较强的正向溢出效应。西部地区的青海和甘肃呈现低—低"劣势"集聚状态,说明这些地区不仅自身工业大气环境效率水平低下,同时周边邻接

---

① High-High 集聚区表示高—高集聚区;High-Low 集聚区表示高—低集聚区;Low-High 集聚区表示低—高集聚区;Low-Low 集聚区表示低—低集聚区。

的地区对该地区的抑制作用明显,不利于该地区环境质量的改善。总体上,中国工业大气环境效率水平形成了三个集聚区域:一是以北京为中心,与天津形成了高值集聚区;二是以福建为中心,独自形成高值集聚区;三是以甘肃为中心,与青海形成低值集聚区。同时中国西部地区的工业大气环境效率水平低下,且周边邻接地区对他们的正向辐射作用较少,导致西部地区的环境效率水平一直处于较低水平状态。

另外,从 2003 年、2010 年和 2017 年中国各省市工业大气环境效率的 LISA 显著性集聚图(见图 5-4a、b、c 和表 5-6)可以看到:第一,2003 年共计 4 个地区呈现出显著的 LISA 集聚,其中浙江和福建处于 High-High 集聚区;西部地区的青海和甘肃呈现 Low-Low 集聚。2010 年共计 3 个地区呈现出显著的 LISA 集聚,其中福建处于 High-High 集聚区;甘肃和青海位于 Low-Low 集聚区。2017 年共计 3 个地区呈现出显著的 LISA 集聚,北京、天津和福建位于 High-High 集聚区。第二,对比 2003 年和 2010 年发现,福建一直处于 High-High 集聚区,甘肃和青海一直处于 Low-Low 集聚区,浙江地区从 High-High 集聚区变成局部空间集聚不显著;对比 2010 年和 2017 年可以看到,北京和天津从局部空间不相关转变为局部空间集聚显著,福建仍为 High-High 集聚区,甘肃和青海也退出了 Low-Low 集聚区;对比 2003 年和 2017 年,福建为 High-High 集聚区一直未变,北京和天津从局部空间不相关转变为局部空间集聚显著,而浙江、甘肃、青海都变成了局部空间不相关。

综上可知:其一,2003—2017 年,以福建为中心 High-High 集聚一直存在,呈现高度稳定性,应当是全国其他省市工业大气环境发展学习和借鉴的标杆。其二,显著的 High-High 集聚类型主要分布在东部经济较为发达的地区,主要形成两大高工业大气环境效率集聚区域,以北京为中心,与周边的天津组成高工业大气环境效率集聚区,以福建、浙江为中心高工业大气环境效率集聚区,这两个集聚区的区位条件优势明显,能对周边省市产生较强的辐射效应。其三,显著的 Low-Low 集聚类型主要分布在西部欠发达地区,主要以青海为中心,和周围的西北省市甘肃形成低工业大气环境效率集聚区,该集聚区的区位经济条件薄弱,市场化程度低,工业大气环境效率提升存在较为明显的瓶颈。其四,随着时间变化,High-High 集聚特征的省市数量出现增加,由 2

增加到 3,最终形成了北京、天津、福建 High-High 集聚区,而 Low-Low 集聚
特征的省市数量由 2 减少为 0,中部地区一直未有省市出现集聚区。说明中
国部分省市的工业大气环境效率确实呈现出局域空间相关性,并形成以北京、
天津、福建的 High-High 集聚区。

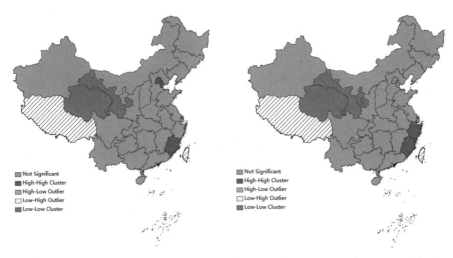

图 5-3　2003—2017 年各省市工业大气环境　　　图 5-4(a)　2003 年各省市工业大气环境
　　效率均值的 LISA 显著性集聚图　　　　　　　　效率值的 LISA 显著性集聚图

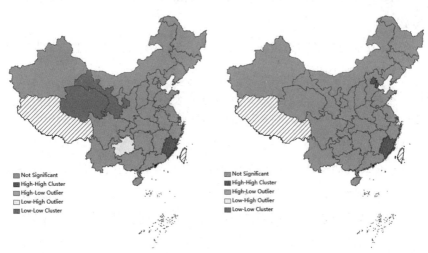

图 5-4(b)　2010 年各省市工业大气环境　　　图 5-4(c)　2017 年各省市工业大气环境
　　效率值的 LISA 显著性集聚图　　　　　　　　效率值的 LISA 显著性集聚图

表 5-6　2003 年、2010 年和 2017 年的局域空间自相关显著性检验结果

年份	High-High 集聚区	High-Low 集聚区	Low-Low 集聚区	Low-High 集聚区
2003—2017 年	北京、天津、福建	——	青海、甘肃	——
2003 年	福建、浙江	——	青海、甘肃	——
2010 年	福建	——	青海、甘肃	——
2017 年	天津、北京、福建	——	——	——

5.3 本章小结

本章通过采用空间探索性分析方法探讨中国工业大气环境效率值在经济空间上的区位布局。

(1)全局空间相关结果显示,总体上中国工业大气环境效率存在显著的空间正相关,且随着时间推移,中国工业大气环境效率空间正相关呈现强化和稳定态势。

(2)局部空间相关结果表明,中国工业大气环境效率空间正相关省市仍然占据主导地位,但中国工业大气环境效率的空间异质性出现上升,各省市空间格局正在发生变化,空间负相关性现象凸显,即中国工业大气环境效率正向的空间关联省市正逐步减少,负向的空间关联省市正逐步增加。

(3)时空跃迁结果显示:从动态来看,中国工业大气环境效率局部空间关联类型呈现较低的流动性、较强的空间稳定性,具有明显的"路径依赖"特征,尤其是东部和西部省市。而处于东部和西部之间的中部地区,因其工业大气环境效率容易受到东、西部的交叉影响,故中部空间特征发生跃迁较为明显,这也提示中部地区一定要学习东部地区先进经验,加快工业大气环境质量提升。

(4)局部空间显著性检验结果发现:中国工业大气环境效率空间集聚呈现明显时间和空间差异。时间上,High-High 集聚特征的省市数量出现增加,由

2 个增加到 3 个,而 Low-Low 集聚特征的省市数量由 2 减少为 0。空间上,显著的 High-High 集聚类型主要分布在东部经济较为发达的地区,形成了以北京、天津为中心和以福建、浙江为中心的高工业大气环境效率集聚区,显著的 Low-Low 集聚类型主要分布在西部欠发达地区,形成以青海、甘肃为中心的低工业大气环境效率集聚区,而中部地区不存在局域空间集聚现象。

第 **6** 章

中国工业大气环境效率的
影响因素分析

　　书中第四章和第五章的主要内容是针对工业大气环境效率的评价研究和空间效应研究,研究结果显示中国工业大气环境效率的变动不仅受到资源配置(投入冗余或产出冗余)的影响,还会受到相邻省份工业大气环境效率的空间影响。此外,根据本书第二章关于环境效率影响因素的文献综述总结可知,当前环境效率影响因素的指标选取因研究主题、重点和时间不同而存在明显差异,但指标选取基本上围绕"经济—环境"架构进行,相对不足的是研究指标选取主观性较强,缺乏因素指标与环境效率间作用机理分析。因此,本章首先基于工业大气环境效率概念和内涵,从工业发展水平、工业增长要素水平、环境政策工具等三个维度探讨工业大气环境效率影响因素的作用机理,并以此为基础选取合适的代理指标;然后,根据中国工业大气环境效率存在的两个特征:(1)中国各省市的工业大气环境效率值介于 0 到 1 之间;(2)中国区域工业大气环境效率呈现显著的正向空间相关性,故本书采用空间面板 Tobit 模型对中国 30 个省市工业大气环境效率的影响因素进行实证分析,以期寻找出对中国工业大气环境效率影响的主要因素,从而为提高中国工业大气环境效率制定有针对性的、有效的政策措施。

6.1 影响因素机理分析

因历史阶段、经济增长模式不同,生态环境受到的破坏程度也不同,对环境造成影响的因素也会随着变化。如农业文明时期,农业发展主要以种植为主,但随着种植范围的扩大,出现了水土流失、土地肥力退化等环境问题;工业文明时期,工业发展主要依赖规模化的冶炼和采矿,随后自然资源出现大量掠夺、资源耗竭、空气污染及气候变化日益凸显。进入 21 世纪后,全球资源危机严重、环境污染出现全球性扩散[188]。

因此,本书首先在参考并借鉴现有研究成果的基础上,指出工业大气环境效率提升不仅需要考虑区域工业总体水平和工业产业结构等工业发展实际情况,还要考虑区域工业资本、劳动力情况和技术水平,同时也要考虑政府和社会公众等利益相关方行为影响,故拟从工业发展水平、工业增长要素水平,环境政策工具三个维度出发,选取经济发展水平、产业结构、技术水平、劳动者素质、要素禀赋、环境规制、环境治理和公众参与度共八个方面来研究中国工业大气环境效率的影响。其次,从工业大气环境效率的内涵来看,工业大气环境效率的实现手段是创效减排,因此本章从实现最大经济产出和尽可能少的工业大气污染物排放两个角度出发绘制本章影响因素的机理图(见图 6-1)。

(1)经济发展水平

经济发展与环境污染之间关系的研究重点是两者是否符合"环境库兹涅茨曲线(EKC)"。EKC 假说认为,经济发展水平越高,环境污染越严重,但达到一个临界点时环境污染就会减少[189,190]。一般而言,经济发展主要从规模效应、结构效应和技术溢出效应三个维度对环境效应产生影响。其一,规模效应。环境资源消耗量和污染排放物排放量会随经济规模的增大呈增加的趋势,进而影响工业大气环境效率提升。其二,结构效应。随工业经济逐步发展,高新技术产业和战略性新兴产业逐步增多,高污染、高排放、高能耗产业和传统重工业比重会逐步减少,这将减少资源消耗和环境污染排放,提升工业大

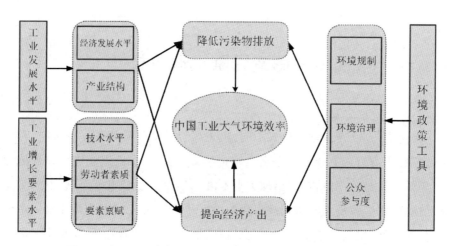

图 6-1　中国工业大气环境全要素生产率的影响因素的作用机理

气环境效率。其三,技术溢出效应。经济发展和工业发展过程就是技术进步的过程,这将推动新能源、新工艺发展,进而提升工业经济产出和降低能源消耗,提高工业大气环境效率。但当前关于经济发展水平与环境质量之间关系的研究结论并不一致,如黄茂兴和林寿富(2013)认为环境污染程度会随着经济发展水平的提升逐渐加剧[191];周利梅等(2018)认为经济发展水平对环境效率具有负向相关[117];臧正和邹欣庆(2016)、吴义根等(2017)等认为经济发展水平对环境效率具有显著的正向影响[192,193]。

(2)产业结构

产业结构既是"资源输入转换器",同时也是"污染物排放的控制器",可见产业结构是改善资源转化率和控制污染物排放的调制解调器[194,195]。现如今因资源要素禀赋等特征,中国仍呈现以煤炭为主的能源消费结构,故欲改善中国工业大气环境效率水平就必须调整工业产业结构,逐步减少对煤炭资源的使用及依赖。Samuels(1984)发现产业结构从重工业向轻工业的调整,会使能源消耗强度的降低[196]。张雷等(2011)指出,产业结构的演进有利于降低能源消耗强度,如以重工业为主,能源消耗加剧;以服务业为主,能源消耗降低[197]。余泳泽等(2013)指出,产业结构调整能够显著提高节能效率水平[198]。得到同样结论的学者还有 Vaclav(1990)[199]、赵丽霞等(1998)[200]、Fisher-Vanden et al.(2006)[201]等。但也有部分学者质疑"结构红利假说",认为通过结构调整对能源消耗效率的提升是有限的[202]，指出能源消耗强度下降的贡献率会超过产业结构的贡献率[203]。还有学者发现产业结构调整对于环境的影响会因国家不同而有不同表现，主要的原因还在于当地的政府政策[204]。通过以上学者研究发现，目前学术界关于产业结构调整对环境污染的影响关系还未形成定论。

（3）技术水平

新经济增长理论指出，技术进步是经济增长的动力和源泉，认为技术进步能够通过提高污染控制技术和生产技术水平来促进能源使用效率水平的提高，进而促使自然资源得到节约和循环利用，从而相应地减少污染排放。技术进步对环境效率的提升贯穿在工业生产、工业管理等流程，如技术的进步能够带动生产技术的创新（如发展新型的清洁技术）或先进技术/设备的引进，通过新能源的研发代替煤的燃烧（替代品）或者使用高新技术工艺产品提高污染排放的生产或处理技术，提高能源的边际生产力从而提升能源使用效率；技术进步能够通过管理创新和制度创新实现资源的高效配置，实现资源的使用效率和产出水平的提高。可见，技术进步能够通过新能源的使用、劳动手段的智能化、新的管理或制度模式的运用来实现清洁生产，减少污染排放，提高能源资源的使用效率。

（4）劳动者素质

研究表明，劳动者素质提升有利于工业环境质量的提升，主要通过技术溢出效应和环境需求提升来实现：其一，当劳动者素质提高时会显著提升其接受先进设备、新知识、新技术、新信息的能力，使之能在较短的时间实现知识的转化，从而带动生产工艺水平的改进、技术创新能力的提升以及生产管理水平的提高，有利于提高能源资源的利用效率，进而降低污染物排放；其二，有学者研究发现，公众的环保意识与受教育程度成正比[205,206]，即受教育程度水平越高的人，环保意识越强，对自身的工作环境也会有更大的议价空间，即较高劳动者素质会有相对较高的环境诉求，要求提高工作环境，避免自己在相对较差的环境中工作。如果工业劳动者能够通过自己的环境诉求对其所在工作区域的政府造成改善环境的压力，进而对政府起到更大的监督作用，那么就能实现倒逼当地政府更好地控制污染排放。

（5）要素禀赋

比较优势理论指出,资本丰裕地区拥有较为丰富的资本密集型产品,有利于吸引资本密集型产业。发达国家与发展中国家之间经济实力差别的关键原因在于,发达国家拥有较先进的技术和较丰裕的资本,有利于吸引资本密集型产业的入驻及优化产业结构,形成良好的技术创新环境,进而提高环境全要素生产率。也就是说要素禀赋在某种程度上能够决定该地区的生产率水平的高低和环境效率水平的高低。如日本在 20 世纪 50、60 年代在钢铁工业上做了大量的资本投资,氧气顶吹转炉和连铸技术的引进、应用和普及节约了大量劳动力,提高了钢铁工业的全要素生产率。张军(2009)认为重工业的本质是资本密集型的,具有较高的资本劳动比,一般处于工业化的中后期,通常也是能源和排放密集型[207]。马晓明等(2018)指出资本劳动比是构成地区的基本要素禀赋,资本劳动比高,表明工业结构从劳动密集型向资本密集型转化,若资本朝着工业大气环境效率值高的地区流动,将促进区域工业大气环境效率的提高;反之则反之[59]。但也有学者认为资本深化一定程度代表低质量的增长模式[208,209]。当前中国区域经济发展差距较大的主要原因之一,就是中国区域禀赋结构存在较大的差异,如东部地区拥有区位优势,经济实力较强,有利于资本密集型产业的集聚,进而促进产业结构朝高新技术和战略性新兴产业发展,从而降低高能耗、高排放、高污染的第二产业比重,提高资源能源的消耗,提高环境效率。

（6）环境规制

波特假说理论认为,短期内环境规制会导致企业的生产成本上升,从而抑制企业的发展,但从长期来看,在高的环境规制成本的压力下,企业会被倒逼进行环境技术创新,进而有利于企业生产技术水平的提高,有助于污染物排放的降低,使环境效率水平得到提高。另外,环境规制的力度大小还能够决定工业产业结构的调整,即环境规制力度大的时候会促使企业选择低耗能低污染产业,环境规制力度小的时候会促使企业选择高耗能高污染产业。与此同时,环境规制被认为是政府对环境影响的必要回应[210,211]。现代经济增长理论指出,政府环境规制政策对环境保护与经济发展的"双赢平衡",具有重要的推动作用。

有学者支持"波特假说",认为环境规制力度的大小决定高污染、高能耗行业的生存门槛的高低,因此有利于当地的工业结构优化和节能环保技术的进一步应用,从而减少环境污染的外部不经济性,进而提高环境效率[212-217]。也有学者反对"波特假说",认为环境规制力度越大(排污收费标准越高),企业的生产成本越高,会导致竞争力下降,从而降低环境效率[216,218-221,222]。此外,还有学者认为并不存在波特假说,如 Alpay 等(2002)发现环境规制对墨西哥工厂的生产率影响为正,而对美国工厂的生产率影响为负[223]。Lee(2008)发现韩国企业生产率的高低并没有受到环境管制的影响[224]。Kneller 和 Manderson(2012)对英国 2000—2006 年制造业行业进行研究,结果发现环境管制越加严格,企业的环境性研发越好,但是一定程度上环境性研发会挤出非环境性研发[225]。沈能和刘凤朝(2012)对中国 30 个省域进行研究,发现环境规制呈现明显的区域差异[226]。李胜兰等(2014)研究表明,环境规制因素对生态效率的影响表现出明显的阶段性特征,主要原因是地方政府在环境规制的制定、实施和监督行为从"模仿"转变为"独立"[227]。

(7)环境治理

一直以来,中国政府在生态环境保护过程中扮演重要角色,采取了环境规制和环境治理等多种措施,其中环境规制通过排污费等方式约束企业在生产过程中的负外部效用,环境治理则通过将费用直接用于工业污染源治理和城镇基础设施建设,即将投资直接作用于当地环境治理的改善。近年来,尽管中国政府已将环境质量作为政府考核指标之一,强调绿色 GDP 考核,但部分省份的重视程度仍存在差异,如存在部分省市提高环境治理投资,加强了污染源治理,极大改善了当地的环境水平,但也存在部分经济欠发达地区政府绩效考核仍唯 GDP 论,"先污染后治理"的发展战思路仍未转变,对工业污染源治理不够重视,城乡污染治理基础设施建设滞后,环境治理效果尚未显现。

(8)公众参与度

马斯洛的需求层次理论指出,只有生理需求得到满足后,人类才会追求更高质量的生活(如对生存环境的关注)。近年来,中国公众生活水平逐年提高,越来越多的居民以实际行动参与到优美生态环境的保护建设中。主要表现在:一是,公众对居住环境质量的诉求越来越高,自发成为环境质量监督员,对周边发生的环境污染事件,积极通过信访、网站、电话等渠道投诉,强化了政府监督职责,提高企业偷排等违法行为曝光概率,降低环境污染发生几率;二是公众消费理念转变,通过选择消费环保型产品倒逼企业进行技术创新,使用清洁能源和技术生产更多环保产品,从而减少污染排放,提高环境效率。

6.2 空间面板 Tobit 计量模型

由上文研究可知,中国工业大气环境效率有以下两个明显的特征:(1)中国各省市的工业大气环境效率值介于 0 到 1 之间;(2)中国区域工业大气环境效率呈现显著的正向空间相关性。基于上述数据特征,传统的线性估计方法进行因素分析可能导致模型估计不够精准,因此本节将空间效应纳入其中,选用处理受限因变量的面板 Tobit 模型揭示影响中国工业大气环境效率的主要因素。

6.2.1 数据来源及处理

相较横截面数据,面板数据模型的主要特点为样本量大、能有效控制不同个体/地区之间的异方差性、对忽略变量所引起的偏误进行修正等[228],故本节选取中国 30 个省市的面板数据作为研究样本(西藏数据缺失严重,故不考虑),2003—2017 年作为研究时间区间。被解释变量为中国工业大气环境效率值(aee),来源于第四章虚拟前沿面 SBM-U 模型计算得到的 2003—2017 年中国 30 个省市工业大气环境效率值。

选取经济发展水平、产业结构、技术水平、要素禀赋、劳动者素质、环境规制、环境治理和公众参与度共八个因素作为自变量。具体指标如下:

第一,经济发展水平(ia)。当前普遍采用人均 GDP 作为度量经济发展水平的指标,且大部分的研究结果显示人均 GDP 与环境污染呈倒"U"形关系。但本书研究主题为工业大气环境效率问题,故采用人均工业增加值作为衡量指标更为合适,该指标通过各省市工业增加值除以相应人口数量得到。

第二,产业结构(phi)。中国工业行业是大气污染物排放的主要源头,但不同区域的工业产业结构存在显著差异,部分省市工业仍以高污染、高排放、高能耗、低收益产业居多,部分省市以高新技术和战略型新兴产业为主,这些差异显著地影响了工业大气污染物排放水平,进而对工业大气环境效率水平造成一定的影响。工业产业结构衡量指标有多种形式,因考虑到在工业产业中,重工业产业所占比重大,具有能源消耗高、污染排放大等特征,故本书选取重工业比重作为产业结构的代理指标,该指标可通过重工业销售产值除以所有工业销售产值计算得到,重工业口径同《中国工业统计年鉴》一致。

第三,技术水平(aec)。目前学术界关于衡量技术水平的指标选择较多,有不变价万元 GDP 能耗[229]、3 种专利申请量[111],区域 R&D 投入占区域 GDP 的比重[230]、各省科技活动经费内部支出占 GDP 比重[67]、专利申请量[116]、专利授权量[231]、研发投入总量占 GDP 的比重[232]。但考虑到中国工业能源消耗以石化能源为主,能源消耗水平一定程度上决定了大气污染物排放水平,同时考虑到当前国家降低总能耗强度能源政策目标,本书最后参考李小胜等(2014)的做法[229],选取每万元工业增加值能源消耗,综合反映工业生产整体技术水平,该指标越低,每万元工业增加值所消耗能源越低,技术水平越高。

第四,劳动者素质(ae)。劳动者素质是劳动者综合能力的体现,难以衡量,本书参照已有研究成果,选择高等教育劳动者占比作为劳动者素质的代理变量,具体指标采用每百人工业从业中大学以上(含)学历人数。

第五,要素禀赋(c)。要素禀赋差异是多方面,选择资本深化作为要素禀赋代理指标,该指标通过工业固定资产总数除以工业行业从业人数计算所得。

第六,环境规制(pc)。当前学术界对于衡量环境规制的指标选择形式多样:利用污染排放强度与污染治理设施运行费用的比例衡量环境规制强度[233,234];利用二氧化硫去除率、固体废物综合利用率、废水排放达标率、烟粉尘去除率进行线性标准化处理,然后构造这四个指标的加权和,反映地区环境规制的强度[235];利用工业污染治理投资额和污染费收入两个指标反映地区环境规制的强度[236];采用单位产值 SO_2 排放量环比比率[59]、排污费收入占工业增加值的比重[106]、工业治污染治理投资完成额占各地区 GDP 比重衡量环境规制强度[60]。以上指标选取都值得参考借鉴,但本书认为环境规制应当反映政府解决环境污染负外部性所做的尝试,体现为政府对环境污染排放的干预程度,应当以规章制度等形式明文规定排污者负担的成本,故指标采用梅国平(2014)的做法[106],选取每万元工业增加值缴交排污费金额。

第七,环境治理(ginv)。目前用于衡量环境治理的指标有:各行业运行费用和污染减排投资总和[237]、环境污染治理设施建设的资金投入[238]、人均大气污染治理投资[239]。因政府治理投资是政府对环境保护最直接的行为,故本书采用吴振信和闫洪举(2015)的做法[239],选取各省市大气环境治理投资额占工业增加值比重来衡量环境治理。但通过环境治理指标趋势分析发现,中国环境治理强度逐年下降,这与当前中国环境保护力度相悖的,究其原因发现,随着中国政府对大气环境的深入治理,大气环境中烟粉尘、二氧化硫治理成效明显,大气污染排放物显著减少,单位大气污染物治理投资提高,但总体工业大气污染治理投资增长不明显,工业增加值又不断增大,由此导致以大气环境治理投资额占工业增加值比重呈现下降趋势。为此,本书通过大气污染物排放量对环境治理指标进行调节,具体公式如下:

$$a\text{-}ginv = \frac{ginv}{\dfrac{1}{3}\sum\limits_{i=1}^{3} zb_i}, \quad zb_i = \frac{b_i - b_{\min}}{b_{\max} - b_{\min}} \tag{6-1}$$

其中,a-ginv 表示调节后的环境治理变量,ginv 表示环境治理变量,b_i 表示 i 类工业大气污染物排放量,zb_i 表示标准化后 i 类工业大气污染物排放量指数,$b_{\min}$ 表示最小 i 类工业大气污染物排放量,$b_{\max}$ 表示最大 i 类工业大气污染物排放量。

第八,公众参与度(pe)。环境保护的公众参与程度是衡量一地区生态文明和环境保护的重要指标,一般采用环境信访数量衡量。但因地区环境信访数量统计时间和口径发生变化,本书采用人大、政协环境保护提案数衡量,具体为每万元工业增加值人大、政协环境保护提案数。

为了消除异方差及考虑到数据可比性,本书对所有非比率表示的变量观测值均进行价格调整和对数处理,其中公众参与度指标值远低于 1 件/万元,取对数所有样本值均小于 0,背离了现实经济意义,故直接采用原值,所有环境变量的描述性统计结果如表 6-1 所示。数据来源于《中国劳动统计年鉴》《中国环境统计年鉴》《中国统计年鉴》《中国科技统计年鉴》和《中国工业统计年鉴》。

表 6-1　中国工业大气环境效率影响因素指标的统计描述及预计方向

变量	含义	均值	标准差	最小值	最大值	预计方向	单位
aee	大气环境效率	0.2634	0.1095	0.0947	0.8444	——	——
lnia	经济发展	2.8868	0.3798	1.7509	3.8391	正向	万元/人
phi	产业结构	0.7425	0.09881	0.4818	0.9567	待实证验证	比率
lnaec	技术水平	0.6870	0.5672	−0.8101	2.7803	正向	吨标准煤/万元
lnc	要素禀赋	3.2973	0.5926	2.1458	4.9108	待实证检验	万元/人
lnae	劳动者素质	1.4011	0.7857	0.0016	3.6254	正向	人/百人
lnpc	环境规制	1.5397	0.6647	−1.5460	3.8119	待实证检验	元/万元
ginv	环境治理	0.0024	0.0022	0.0000	0.0188	待实证检验	比率
a-ginv	调后环境治理	0.0026	0.0025	0.0000	0.0199	待实证检验	比率
pe	公众参与度	0.1463	0.1192	0.0052	0.9158	待实证检验	件/万元

6.2.2 空间面板 Tobit 计量模型

考虑到中国工业大气环境效率的空间效应可能存在两种假定形式,一种假设被解释变量均会通过空间相互作用对其他地区的经济产生影响[240],即假定各地区的工业大气环境效率不仅受该地区的相关因素影响,同时还与相邻地区的工业大气环境效率及其相关因素有关,该假设将空间效应以滞后的形式引入回归模型,得到经典空间滞后模型(SLM)。另一种假设空间依赖性是通过被遗漏的变量所产生的,空间效应主要通过误差项传导,该假设将空间效应以误差项的形式引入回归模型,得到空间误差模型(SEM)。基于上述原因,本书设定空间滞后面板 Tobit 模型(简写 SLM-面板 Tobit)和空间误差面板 Tobit 模型(简写 SEM-面板 Tobit),具体公式如下:

（1）SLM-面板 Tobit：

$$aee_{it} = c + \lambda W aee_{it} + X_{it}\beta$$
$$= c + \lambda W aee_{it} + \beta_1 \ln ia_{it} + \beta_2 phi_{it} + \beta_3 \ln c_{it} + \beta_4 \ln ae_{it} + \beta_5 \ln aec_{it} +$$
$$\beta_6 \ln pc_{it} + \beta_7 ginv_{it} + \beta_8 pe_{it} + \varepsilon_{it} \qquad (6\text{-}2)$$

（2）SEM-面板 Tobit：

$$aee_{it} = c + X_{it}\beta + u_{it}$$
$$= c + \beta_1 \ln ia_{it} + \beta_2 phi_{it} + \beta_3 \ln c_{it} + \beta_4 \ln ae_{it} + \beta_5 \ln aec_{it} + \beta_6 \ln pc_{it} +$$
$$\beta_7 ginv_{it} + \beta_8 pe_{it} + u_{it}$$
$$u_{it} = \rho W u_{it} + \varepsilon_{it} \qquad (6\text{-}3)$$

其中 W 为经济距离权重矩阵，具体详见文后附表。u_{it} 和 ε_{it} 是服从独立同分布的扰动项，满足 $\varepsilon_{it} \sim i.i.d(0, \sigma^2)$。

6.3 空间面板 Tobit 验证结果

6.3.1 空间面板模型回归结果分析

（1）检验结果分析

在进行面板模型估计之前，必须先确认各指标是否平稳，以避免伪回归的出现。面板数据的平稳性检验方法包括 LLC（Levin-Lin-Chu）检验、ADF-Fisher 检验、PP-Fisher 检验、IPS 检验、Breintung 检验等，本书选取相同根单位根检验 LLC 检验和不同根单位根检验 ADF-Fisher 检验，具体结果见表 6-2。检验结果显示两种检验均拒绝单位根的原假设，即所有变量的原序列均平稳。这说明可进行下一步实证分析。

表 6-2　中国工业大气环境效率影响因素的面板数据平稳性检验

变量	LLC	ADF
aee	−68.080	103.222
	0.000	0.001
lnia	−6.416	114.412
	0.000	0.000
phi	−8.0307	273.270
	0.0000	0.000
lnaec	−6.154	87.770
	0.000	0.012
ln$c$	−5.609	132.711
	0.000	0.000
lnae	−8.574	118.874
	0.000	0.000
lnpc	−16.471	119.143
	0.000	0.000
ginv	155.086	−11.398
	0.000	0.000
a-ginv	95.0315	−7.4380
	0.003	0.000
pe	−8.2312	193.696
	0.000	0.000

（2）空间面板回归结果与分析

因面板杜宾空间 Tobit 模型需估计所有自变量的空间滞后项影响程度，但劳动者素质等因素的空间相关效应不显著，故本书不予考虑。基于此，本书采用空间面板 Tobit 模型的 SLM、SEM 形式建模。具体如表 6-3。

表 6-3 空间面板统计量回归结果

VARIABLES	(1)	(2)	(3)	(4)
	SEM	SEM	SLM	SLM
lnia	0.169 ***	0.179 ***	0.150 ***	0.158 ***
	(0.0250)	(0.0248)	(0.0227)	(0.0225)
phi	−0.0645 *	−0.0461	−0.0709 **	−0.0569 *
	(0.0339)	(0.0341)	(0.0334)	(0.0333)
lnaec	−0.0894 ***	−0.0934 ***	−0.0902 ***	−0.0941 ***
	(0.0140)	(0.0137)	(0.0135)	(0.0132)
lnc	−0.0859 ***	−0.0996 ***	−0.0863 ***	−0.0985 ***
	(0.0187)	(0.0188)	(0.0176)	(0.0177)
lnae	0.0369 ***	0.0328 ***	0.0392 ***	0.0360 ***
	(0.00859)	(0.00859)	(0.00829)	(0.00826)
lnpc	−0.0338 ***	−0.0394 ***	−0.0293 ***	−0.0336 ***
	(0.00849)	(0.00851)	(0.00828)	(0.00827)
ginv	2.251		2.320	
	(2.955)		(2.919)	
a-ginv		7.232 ***		7.151 ***
		(2.539)		(2.482)
pe	0.105 **	0.0918 **	−0.0293 ***	0.0911 *
	(0.0469)	(0.0464)	(0.00828)	(0.0470)
Constant	0.375 ***	0.318 **	0.406 ***	0.364 ***
	(0.137)	(0.137)	(0.137)	(0.136)
Rho/ Lambda	0.338 ***	0.342 ***	0.168 ***	0.172 ***
	(0.0757)	(0.0757)	(0.0640)	(0.0636)
Sigma	0.0638 ***	0.0632 ***	0.0654 ***	0.0648 ***
	(0.00240)	(0.00238)	(0.00244)	(0.00241)
a−R^2	0.9521	0.9516	0.9513	0.9516
Wald Test SLM/SEM vs.OLS	19.9623	20.4035	6.8951	7.3597
	(0.0000)	(0.0000)	(0.0086)	(0.0067)
Observations	450	450	450	450
a−R^2	0.9521	0.9516	0.9513	0.9516

Standard errors in parentheses

*** $p<0.01$, ** $p<0.05$, * $p<0.1$

通过 SLM-面板 Tobit 和 SEM-面板 Tobit 模型的回归结果可知,两种模型拟合程度都相对较高,绝大部分解释变量参数估计结果相对接近和显著性检验相对一致,这说明本书研究的样本数据适合采用空间计量模型进行分析。但仔细对比 SEM-面板 Tobit 模型和 SLM-面板 Tobit 估计结果可知,SLM-面板 Tobit 参数估计结果更为稳定,且其参数估计通过显著检验总数更多。同时,SEM 模型假设空间依赖性是通过被遗漏的变量所产生的,空间效应通过误差项进行传导,而前文全局和局部空间相关分析表明,中国工业大气环境效率水平具有明显的空间正相关,呈现了显著"局部俱乐部"的特点,即一个地区的工业大气环境效率不仅受到自身经济发展水平、环境政策、劳动生产要素及技术水平的影响,同时,一个省市的工业大气环境效率会受到空间特征相似邻接省市的工业大气环境效率水平的加权影响,因而 SLM-面板 Tobit 模型假设更符合中国工业大气环境效率空间特征。此外,SLM-面板 Tobit 模型做进一步的显著性检验,即对 SLM-面板 Tobit 模型进行了最大似然 LM-LAG 检验和 LM-SAC 检验,得到相应的 LM-LAG 空间误差检验和 LM-SAC 空间误差检验的 P 值均在 1% 概率下显著。因此,本书采用 SLM-面板 Tobit 模型进行分析。

同时,对比模型结果发现,无论是 SEM 模型、SLM 模型,还是未调整的环境治理(ginv)指标都对工业大气环境效率影响不显著,其中调整后的环境治理(ginv*)指标对工业大气环境效率影响显著为正,这与前文的理论假设是一致的,充分论证本书对环境治理指标调整的合理性。因此,具体模型估计和说明将直接采用调整后的环境治理指标。

6.3.2 SLM-面板 Tobit 估计结果分析

全国和东、中、西部地区工业大气环境效率影响因素的 SLM-面板 Tobit 估计结果如表 6-4 所示。从表 6-4 可以看到,SLM-面板 Tobit 回归模型对全国和东、中、西部地区的拟合度都非常高,全国的所有解释变量都通过了显著性检验,而东、中、西部地区均有个别解释变量未通过显著性检验。

6.3.2.1 全国层面数据分析

从全国层面上看,经济发展水平、技术水平、要素禀赋、劳动者素质、环境规制、环境治理均通过了显著性水平为 1% 的检验,产业结构和公众参与度通过了显著性水平为 10% 的检验。其中工业经济发展水平、劳动者素质、环境治理和公众参与度、技术水平对工业大气环境效率起到正向的影响作用,产业结构、要素禀赋、环境规制对工业大气环境效率起到负向的影响作用,具体情况如下:

(1)工业经济发展水平指标的估计系数为 0.158,与预期的符号一致,表明人均工业增加值每增加 1 个百分点,工业大气环境效率水平就会提高 0.158 个百分点,这与"环境库兹涅茨曲线(EKC)"的环境偏好理论相符。由此说明,随着工业经济发展水平的提高,中国工业发展方式已向绿色发展方式转变,工业发展通过推动产业结构调整和新技术应用显著地提升了环境质量,即随着工业发展水平的提高,高新技术产业和战略性新兴产业比重提升,新能源、新工艺不断发展应用,有效降低能源消耗,提高工业大气环境效率。

(2)产业结构的估计系数为 −0.0569,由此说明重工业产值比重的增加不利于中国工业大气环境效率水平的提高,该结论符合现状。按照中国轻重行业划分统计口径,重工业行业涵盖了统计上的电力热力的生产和供应业、石油加工炼焦及核燃料加工业等六大高能耗行业,重工业行业占比越高,高污染、高排放、高能耗产业结构越明显,由此产生大气污染越发严重。但根据已有研究,短期内重工业比重将继续提升,拉动整体工业经济发展。基于上述情况,各省市政府在工业发展过程中应提高重工业准入门槛,加快重工业节能减排和绿色生产工作的推进,加速工业行业升级或者行业结构调整。

(3)劳动者素质的估计系数为 0.0308,测算结果符合理论的预期,即中国劳动者素质水平每提高 1 个百分点,工业大气环境效率水平就会提高 0.0308 个百分点,这说明劳动者素质的提高会带来工业大气环境质量的提高。劳动者素质一定程度上代表了劳动者综合能力,而劳动者综合能力提升必然有利于污染控制技术和清洁能源生产技术的创新和大量使用,有利于工业绿色生产推进,进而提高能源效率,降低污染排放。同时,高劳动者素质必然会有较高的工作环境诉求,间接影响工业生产环境改善。

(4)要素禀赋的影响系数为负。实证结果显示,要素禀赋的估计系数为－0.106,表明中国资本劳动比每提高 1 个百分点,工业大气环境效率水平就会减少 0.106 个百分点,可见持续的要素禀赋并没有带来中国工业大气环境效率的提升,这与吴敬琏(2015)的研究结论一致[241]。这说明资本深化进程中带来的工业环境污染高于其通过清洁生产、环保技术、先进管理所带来工业环境改善,中国工业经济增长方式仍然是投入要素驱动型的传统模式[242],资源价格尚未完全实现市场化和环境外部性问题尚未内部化[243]。此外,魏楚和沈满洪(2008)指出过度的资本深化可能使经济偏离资源要素禀赋路径,导致能源效率恶化[244]。因此,中国工业发展过程中要重视招商引资质量,提高资本进入的环保门槛,引导资本朝高附加值和高端制造业发展,严禁通过资本转移带来污染产业。

(5)技术水平的估计系数为－0.0964,表明中国能源消耗强度每降低 1 个百分点,工业大气环境效率水平就会提高 0.0964 个百分点,因技术水平采用负向指标,即能源强度强度降低代表技术水平提高,也就是说,技术水平每提升 1 个百分点,工业大气环境效率水平就会提高 0.0964 个百分点,说明能源消耗强度越低,技术水平越高,其工业大气环境效率水平越高。一方面高新技术的使用(环保技术)提高能源使用的边际生产力,提高能源利用效率;另一方面技术革新带来了劳动手段智能化和科学管理方式,推进了工业清洁生产,降低环境污染水平。

(6)环境规制的影响系数为－0.0418,表明每万元工业增加值缴交排污费金额每提高 1 个百分点,工业大气环境效率水平就会减少 0.0418 个百分点。说明环境规制的力度越大,工业大气环境效率水平越低。这说明了"波特假说"在中国短期内不存在,即严格的环境规制并没有带来企业效率的提升,反而导致了企业效率的下降。理论上,提高缴交排污费金额会倒逼企业对资源集约利用技术、污染控制技术、节能减排技术和清洁能源生产技术等研发创新和大量使用,从而提高工业大气环境效率,而本书的测算结果反而是降低工业大气环境效率。这可能的原因在于:当前的排污收费力度和强度不合理。对于一些高污染高收益企业执行统一的收费标准无法起到规制效果,如当以盈利为目的的企业面对企业收益远大于污染治理成本时[245]，显然需要根据企业的具体情况进行划分标准收取排污费。

（7）环境治理的估计系数为 7.151，表明中国政府大气污染治理程度每提高 1 个百分点，工业大气环境效率水平就会提高 7.151 个百分点。上述结果显示，随着政府大气污染治理程度的增加，中国工业大气环境质量将显著提升。在此需特别指出，环境治理估计系数较高，一方面是由于环境治理直接作用于大气污染源治理，降污减排效果明显；另一方面因为所有比率指标数据量纲一致，但环境治理均值仅为 0.26％，由此造成了估计系数相对较大。

（8）公众参与度的估计系数为 0.0911，表明中国公众的参与度水平每提高 1 个百分点，工业大气环境效率水平就会提高 0.0911 个百分点，群众参与环境保护行动将有利于工业大气环境质量的提升。由此表明当前形势下，要不断加强环保政策宣传，提升群众环境保护参与度，通过群众监督提高企业违法成本，将企业环境污染成本内部化，降低污染排放事件发生；通过普及绿色环保认证，转变群众消费理念，倒逼企业生产绿色消费产品，进而推动工业大气环境效率水平的提高。

6.3.2.2 东、中、西区域层面数据分析

从东、中、西部地区来看，东部地区工业大气环境效率影响因素的估计结果显示，经济发展水平、技术水平、环境治理和公众参与度对工业大气环境效率的影响呈现正向作用，经济发展水平、技术水平通过了显著性水平为 1％ 的检验，环境治理和公众参与度在 5％ 的水平上通过显著性检验，说明提高经济发展水平和技术水平、加大环境治理强度、促进公众参与度将会提高东部地区的工业大气环境效率。要素禀赋和环境规制对工业大气环境效率的影响系数呈现负向，要素禀赋通过 1％ 的显著性检验，环境规制通过 10％ 的显著性检验，表明要素禀赋、环境规制对东部地区工业大气环境效率的提升起到阻碍作用。而产业结构、劳动者素质对工业大气环境效率的回归系数为负，但不显著。

表 6-4　全国和东、中、西部地区工业大气环境效率
影响因素 SLM-面板 Tobit 估计结果

变量	（1）	（2）	（3）	（4）
	东部	中部	西部	全国
lnia	0.369 ***	0.100 ***	0.172 ***	0.158 ***
	（0.0486）	（0.0211）	（0.0232）	（0.0225）
phi	−0.0136	−0.0679 *	−0.0885 *	−0.0569 *
	（0.0596）	（0.0390）	（0.0462）	（0.0333）
lnaec	−0.218 ***	−0.0618 ***	−0.0277 ***	−0.0941 ***
	（0.0246）	（0.0106）	（0.0105）	（0.0132）
ln$c$	−0.170 ***	−0.0583 ***	−0.103 ***	−0.0985 ***
	（0.0347）	（0.0150）	（0.0190）	（0.0177）
lnae	−0.0162	0.0248 ***	0.0322 ***	0.0360 ***
	（0.0142）	（0.00833）	（0.00744）	（0.00826）
lnpc	−0.0201 *	−0.0462 ***	−0.0251 ***	−0.0336 ***
	（0.0112）	（0.00875）	（0.00923）	（0.00827）
a-ginv	10.43 **	1.339	1.760 *	7.151 ***
	（4.424）	（2.191）	（1.010）	（2.482）
pe	0.371 **	0.0678	0.0399	0.0911 *
	（0.155）	（0.0579）	（0.0327）	（0.0470）
Constant	−0.0877	0.554 ***	0.455 **	0.364 ***
	（0.249）	（0.182）	（0.209）	（0.136）
Lambda	0.164 **	−0.415 ***	0.204 ***	0.172 ***
	（0.0735）	（0.0578）	（0.0530）	（0.0636）
Sigma	0.0704 ***	0.0302 ***	0.0255 ***	0.0648 ***
	（0.00392）	（0.00197）	（0.00229）	（0.00241）
a-R^2	0.9631	0.9868	0.9870	0.9516

Standard errors in parentheses

*** $p < 0.01$, ** $p < 0.05$, * $p < 0.1$

中部地区工业大气环境效率影响因素的估计结果显示,环境治理、公众参
与度的加大虽呈现正向影响,但未通过显著性检验,其他六个指标均通过了显

著性检验。其中,经济发展水平、劳动者素质估计值分别为0.100、0.0248,且均通过了1%的显著性检验,说明经济发展水平的提高、劳动者素质的提升有利于带动中部地区的工业大气环境效率水平的提高。产业结构、要素禀赋、技术水平、环境规制的系数估计值分别为-0.0679、-0.0583、-0.0618、-0.0462,且均通过了显著性检验,表明重工业比重、资本深化、工业排污收费强度均会显著抑制中部工业大气环境效率提升;技术水平提高,工业能源消耗强度降低会显著提升中部工业大气环境效率的水平。

西部地区工业大气环境效率影响因素的估计结果显示,除了公众参与度没有通过显著性检验,其他七个指标均通过了显著性检验。其中,经济发展水平、劳动者素质、环境治理的系数估计值的影响呈现显著正向;产业结构、技术水平、要素禀赋、环境规制对工业大气环境效率的影响系数呈现显著负向,由此表明提升经济发展水平和劳动者素质、加强工业大气环境治理均能显著提升西部工业大气环境效率水平;重工业比重、单位能源消耗、资本深化和工业排污收费强度提高均不利于西部工业大气环境效率提升。

通过总结可以看到:

(1)经济发展水平、技术水平对东、中、西部的工业大气环境效率水平有显著的正向影响,说明提高经济发展水平和技术水平(降低单位能源消耗)有利于促进东、中、西部地区工业大气环境效率水平的提升。

(2)要素禀赋、环境规制对东、中、西部地区的工业大气环境效率水平均呈现显著的负向影响,由此表明东、中、西部地区对资本投入的环保标准和要求不够,由此导致资本深化过程中产业结构调整、技术溢出效应并未显著改善工业大气环境质量;资源价格尚未完全实现市场化和环境外部性问题尚未内部化[243],政府征收的环境税收标准难以确定,导致环境规制对工业大气环境效率改善与预期相反,这要求东、中、西地区应尽可能因地制宜,因时制宜,因企业而异地制定环境税收标准。当然,也有学者指出中国政府对经济的过度干预是造成工业能源环境效率低下的原因之一[246,230]。

(3)产业结构对中、西部地区的工业大气环境效率水平呈现负向的显著影响,对东部地区工业大气环境效率水平呈负向影响,但不显著,通过对比各地区重工业占比发现,整体上东部地区重工业比重均值<中部地区<西部地区,

结合参数估计结果说明东部地区具有更合理的轻重行业结构,其工业已经朝高新技术产业和高端制造工业发展,而中、西部地区在中部崛起战略和西部大开发中,吸纳了较多的重工业产业,相对增加了大气污染物排放。

(4)劳动者素质对中、西部地区的工业大气环境效率水平呈现正向的显著影响,说明这与袁洪飞(2014)的研究结果一致[247],因经济、社会等原因,中、西部地区人才的吸引能力差,导致大量高素质人才流失,不利于高新技术和战略性新兴产业发展,不利于清洁生产和先进管理理念的引进,进而导致工业结构调整和高端化发展相对较慢。劳动者素质对东部地区的工业大气环境效率水平呈现负向影响但不显著,这是因为当前东部区域劳动者素质已处于较高水平,继续提高劳动者素质带来的经济投入成本明显高于劳动者素质提升带来的大气环境收益,进而影响工业大气环境效率。因此,对于工业人才稀缺的中、西地区,需要实施工业人才引进政策,提高工业从业者素质,进而间接改善中、西部的工业产业环境;对于具有先天优越条件的东部地区还需继续加大人力资本的积累,重视高学历劳动者培养,尤其是高素质工业人才,以满足东部工业产业高新和高端的发展需要,进而通过提高劳动者技术效应来改进工业大气环境效率。

(5)环境治理对东、西部地区的工业大气环境效率水平呈现正向的影响,说明随着环境治理强度的提高,有利于提高东、西部地区的工业大气环境效率水平,而对中部地区呈现正向的影响但不显著。这可能是由于中部地区在大气环境治理中所付出的努力还不够,应提高中部地区政府对环境治理的重视程度。

(6)公众参与度只对东部地区的工业大气环境效率水平产生正向的显著影响,对中、西部地区的工业大气环境效率也呈现正向影响但不显著,这可能是东部地区公众参与渠道较为广泛,而中、西部地区公众参与环保的机制与制度相对缺乏[246]。因此,应该完善中、西部地区公众参与环保的机制体制的建设,鼓励公众参与到环境保护的工作中来。

6.4 对策建议

6.4.1 以绿色发展为导向，推动工业生态化转型

第一，积极贯彻"绿水青山就是金山银山"的生态文明建设的新要求、新思想，把绿色发展理念贯穿于社会经济建设的各项工作中，全面贯彻落实环境保护和环境管理的各项政策，并将污染减排、环境污染治理、新能源开发利用、环保产业发展同时纳入绿色发展框架。

第二，加强顶层设计，强化生态文明建设，积极将中央和省政府出台的绿色发展具体领域的法案落实到位，并完善相应相关宏观基本法律。推动工业生态化转型，将更多的资金用来投资绿色经济，积极重点发展可再生能源计划，如风能、太阳能、智能电网、生物能源、水力发电等新型能源，减少对化石能源的依赖。

第三，努力改造提升传统制造业，推动企业技术升级，提倡绿色制造，大力发展绿色能源产业，打造更为清洁的产业链。促进工业化与信息化的融合，提升外资引进的环评门槛，引进高附加值、高新技术投资项目，逐步转移和排除污染密集型产品，提高清洁生产比重，提升工业生产效率。

6.4.2 制定梯度环保政策措施，完善政府环境监管机制

第一，将环境污染成本内部化，提高环境污染成本。因产业转移导致中、西部地区存在更多的超标准污染企业、重型污染企业（如钢铁、煤炭、化工等重型污染工业企业）及低效产能企业，因此应加强中、西部地区的排污收费标准的制定，并制定梯度的收费制度。同时，也应结合政府其他政策的倾斜支持或补偿政策，如环保部门对于企业排污收费应执行专款专用，合理使用该笔资

金,收之于企业,用之于企业。对于一些排污重点企业,环保部门应该协助其开展排污治理工程,并购置相应的排污治理设备,实行废气的达标排放。

第二,对企业进行一定的规范化管理以及制定相应的资格认证制度,并对绿色产品执行统一的标准,如规范有机产品的生产标准,以实现公众对绿色产品的需求。此外,对实现绿色发展产业,绿色产品生产,政府应给予一定的财政补贴和相应的奖励,还可以通过税收的减免来刺激企业进行绿色生产,通过奖励积极使用绿色产品、清洁能源产品的用户来倒逼企业使用清洁能源。

第三,运用大数据技术建立有效的地方微观环境情况的数据库,并将数据库作为国家政府对地方政府的监督管理的有效工具,同时也可作为地方政府向国家政府汇报环境工具的重要支撑。此外政府在制定各种环保政策措施时,应该考虑这种内在机制发挥的最大效能,通过鼓励扶持一些能产生显著政治"明星效应"的产业,使得这种理性模仿策略能促使区域工业结构进一步趋同[248]。

6.4.3 科学规划环境治理投资，改革现有政绩考核体系

第一,将更多的资金用于推广节能运输工具,从生产、运输、管理各个层面降低能源使用损耗,同时侧重将资金用于推广新型能源及清洁能源的使用,提高能源、资源的利用效率,尽可能减少污染物的排放,最后通过执行并优化管理和制度方式,提高资源的合理配置,尽可能实现经济与环境的高度协调发展。

第二,中国各级政府应从战略的视角将环境效率纳入政绩考核体系,进行绿色 GDP 核算,以绿色 GDP 作为政绩考核为导向。同时也将其作为干部选拔任用的参考依据,以及奖励产生正外部性作用的地区政府,推行"清洁空气优秀奖"。此外,还可以通过对地方自然资源资产负债表编制的完善,通过对地方环境资产负债变动情况进行详细记录,建立领导干部离任审计制度[248]。

6.4.4 加大环保工作宣传，实行环境信息公开

第一,通过完善环保相关机构的设立,如通过设立环境问题专家理事会对

公共环境问题进行监管和管理。应发挥政府的引导作用,倡导"环境保护,人人参与,人人有责",保障公众参与环境保护的权利,鼓励更多的公众参与其中,调动社会公众参与低碳生活,节能减排的积极性。

第二,加强环保宣传工作,让绿色发展理念深入人心。通过多种形式的环保宣传教育工作的开展,普及大气污染防治的科学知识,帮助大众认识良好环境的重要性及环境破坏的严重后果,进而鼓励更多的民众参与环境保护工作。其次,深化公众在环保活动中的社会责任,使得绿色发展理念深入人心,并将该理念转化为大众对绿色产品的青睐,改变消费者的消费习惯。而消费者的这些习惯将会反过来促进企业自觉在产品设计、生产、销售到售后回收各个环节进行绿色生产。

第三,提高环境信息公开尺度,实行环境信息公开,接受社会监督,为居民开通便民环境投诉渠道,确保居民可随时随地上报违反环境保护行为,尤其要重视社区行动。

6.4.5 加大科技创新投入,助推新能源技术研发

首先,中国应尽可能提高科技水平,有意识地通过改善资源利用的方式与途径,如减少开采、加工、转换及消费的各个环节的浪费,进而提高资源的利用效率以及治理污染的能力,减少对能源资源的浪费和对生态系统的破坏行为。

其次,中国及各省域还需继续加大节能减排技术的支持力度(资金投入力度),吸引更多的人才投入环保技术、环保产品研发中,积极参与"清洁发展机制""全球核伙伴计划"等国际合作机制,积极引进发达国家的先进能效提升技术。

最后,加大新能源技术的开发和推广,积极引导企业参与节能减排的技术改造,督促企业尽可能多地采用清洁型能源技术,控制煤炭消费量过快增长;鼓励各级社会人士参与节能减排的技术研究开发,积极开发和利用新能源,大力发展可再生能源的使用,实现能源的多元化使用;加强高等院校、科研院所和专业环保机构合作,不断推进技术的创新研发,加强科技成果的转化和应用。

6.4.6　促进人力资本积累，重视绿色资本引进

首先，重视高素质人力资本的培育，完善熟练劳动者的职位晋升激励体系。通过提高基础教育和职业教育水平来改善劳动力质量水平，加大企业对工人进行定期的技术培训，不断提高其工作技能，进而提高劳动生产率，提高资源使用效率。对于中、西部地区政府应通过福利等优惠政策吸引优秀外来人才，同时提高对本地区劳动者的正向激励，创造留住人才，引进人才的激励机制，实现工业劳动力质量的提升。

其二，提高工人对先进技术知识的吸收和引进先进设备的使用，通过对发达地区和国家的先进技术设备的引进进行低成本的模仿，实现技术跟随的后发优势，从而实现技术的创新。

第三，提倡政府将更多的资金用于建立完善的教育体系和职业技能培训体系，或引进更多的高端人才来实现对这些机器的操作，确保高端人力资本的供给，优化人力资本配置，促进人力资本的有效积累，实现"知识型"劳动力演化。

6.5　本章小结

首先，在结合已有学者研究成果的基础上，本书从工业发展水平、工业增长要素水平和环境政策工具三个维度出发，选取经济发展水平、产业结构、技术水平、劳动者素质、要素禀赋、环境规制、环境治理和公众参与度八个指标，并基于工业大气环境全要素生产率的内涵，从实现最大经济产出和尽可能少的工业大气污染物排放两个角度绘制出工业大气环境全要素生产率的影响因素作用机理。

其次，考虑到中国工业大气环境效率有以下两个明显的特征：(1)中国各省市的工业大气环境效率值作为因变量，其值均介于 0 到 1 之间；(2)中国区

域工业大气环境效率的分布呈现显著的正向空间相关性。因此选用处理受限因变量的空间面板 Tobit 模型揭示影响中国工业大气环境效率的主要因素。结果显示：

(1)根据数据统计检验:中国工业大气环境效率不仅受该地区的相关因素影响,同时还受到相邻地区的工业大气环境效率及其相关因素的影响,存在正向的空间依赖性,因此在改善工业大气环境效率水平上应做到联防联控。

(2)从全国层面上来看,所有解释变量都通过了显著性检验。其中,经济发展水平对工业大气环境效率起到正向的促进作用,与"环境库兹涅茨曲线(EKC)"的环境偏好理论相符。劳动者素质、技术水平、环境治理以及公众参与度的提高会促进工业大气环境效率的提高,由此说明提升工业从业人员能力,提高工业总体技术水平,强化政府环境治理和公众环境监督都有利于工业大气环境质量的提升;产业结构、要素禀赋对工业大气环境效率影响均显著为负,说明中国在工业化过程中要重视资本作用,加强资本引导和监督,发挥资本产业结构调整和技术效应,加快工业产业结构调整,发展高新技术行业和战略型新兴产业,进而实现工业绿色发展,提升工业大气环境效率。环境规制的影响为负,说明"波特假说"在中国短期内不存在,中国应根据各地区企业的具体情况划分标准收取排污费。

(3)区域层面,东、中、西部地区工业大气环境效率影响因素存在差异,经济发展水平、技术水平的提高显著地促进东、中、西部地区工业大气环境效率水平的提高;要素禀赋、环境规制不同程度地显著地抑制了东、中、西部地区工业大气环境效率水平的提高。劳动者素质只对中、西部地区有显著的促进作用,产业结构只对中、西部地区有显著的抑制作用,政府治理只对东部地区有显著的促进作用。可见,不同地区的工业大气环境效率水平受到不同因素的影响。这说明东、中、西部地区的地区异质性仍较为明显,主要在于各地区的地缘结构、资源禀赋、开放程度、产业结构、人才储备等存在差异。因此,各地区要立足区域实际,因地制宜、因时制宜,采取针对性措施和对策提升工业大气环境质量。

第 **7** 章

中国工业大气环境效率的
工业发展效应分析

　　前文已对中国工业大气环境效率的测度、空间分析等进行深入研究,同时也从工业发展水平、工业增长要素水平和政府环境政策工具视角对中国工业大气环境效率水平的影响因素作进一步的探讨,此外还通过绝对 β 收敛和条件 β 收敛检验方法实证分析中国工业大气环境效率水平的差异收敛性。尽管以上研究已基本将当前中国工业大气环境效率水平的总体情况作了一个概览分析,也从机理上分析了目前中国工业大气环境效率水平存在的困境,并就此提出提高中国工业大气环境效率水平的实现路径,增进了中国工业大气环境效率水平的实践指导。然而以上的研究深度还有待继续挖掘。现有研究显示,当前环境污染问题对经济发展的制约作用越来越明显,那么在国家提倡建设美丽中国的方针下,如何有效提高人们对环境保护的主动作为,如何让人们主动正视环境问题已成为了当前重要的热点话题。为此,本章节将进一步深入探讨提升工业大气环境效率水平的价值问题,即回答工业大气环境效率水平的提升会给企业或区域发展带来什么好处,也就是说工业大气环境效率水平的提高能否为企业在权衡污染治理成本与利润收益方面提供参考,为政府因地、因企制宜制定差异性污染防治策略。

　　基于此,本章尝试运用 GVAR 模型研究要素流动、产业转移与工业大气环境效率的时空溢出效应,以期回答下述两个问题:(1)工业大气环境效率水平的提升带来的环境优势是否会转化成区域工业发展优势,影响工业生产要素配置和流动,影响工业产业在区域之间转移;(2)区域工业大气环境效率水平的提升能否实现跨区域传导,不同区域工业大气环境效率水平对其他区域空间效应是否存在差异。通过本章研究,期望能够在理论上丰富工业大气环境效率与要素流动、产业转移的研究内容;在方法上,通过采用广义脉冲分析为工业大气环境效率与要素流动、产业转移提供不同的研究视角。

7.1 理论分析和假设

7.1.1 环境污染与生产要素转移

当前有学者认为良好的区域经济发展环境能够形成"洼地效应",吸引较优的资本、劳动力等生产要素的流入[249],如 Francois Perroux(1950)的"增长极理论"认为生产要素最终会流向生产条件好的地区[250]。侯方玉(2008)提出一个地区能否吸引要素的流入不仅在于具有更好的要素报酬,同时还必须具有更好的公共基础设施以及相应的制度建设,在其他条件相当的情况下,后者常具有决定性的作用[251]。杨晓军(2017)认为公共服务好的城市对劳动力更有吸引能力[252]。

7.1.1.1 环境污染与资本流动

近年来中国经济正从高速增长向中高速增长转型这一"新常态",同时在国家绿色发展的倡导下,中国经济逐步由经济高速增长向经济高质量发展转变,这都离不开资本要素优化配置。资本流入一定程度上能够有效地提升全要素生产率水平,深化经济在产业间、产业内及产品内的分工,促使资源配置效率的提高[253]。资本的流入不仅能带来技术水平的提高和管理能力的进步,还能带动产业转型升级和产业结构优化,进而提高环境污染的治理水平。但资本的流入是一把"双刃剑",也有学者认为资本的流入不利于环境质量的提升。

　　具体来看,目前学术界关于环境污染与资本流动的关系研究存在三种观点,其一,有学者认为存在"污染天堂"假说,认为资本的流入会导致环境的恶化[254]。牛海霞(2011)的分析则表明,中国 FDI 的提高与人均二氧化碳排放量成正比[255]。张政(2018)指出在短期内,固定资产投资的增加会促进经济增长,但会阻碍长期的可持续发展[256]。其二,也有学者认为存在"污染光环"假说,认为资本的流入不仅能够促进产业结构的转型升级,同时也能够给产业带来先进的技术和管理经验,推动产业在污染技术研发和创新方面取得进步,进而减轻中国环境的压力[257]。任力和朱东波(2017)的研究结果显示,在一定的条件下,金融发展有利于高污染、高能耗产业向环保产业的转移[258]。白俊红等(2019)认为优化配置资本,将有利于经济与环境的协调发展[259]。同时,外资利用所产生的资本积累效应,也可以通过对当地收入水平的提高来间接改善环境质量。其三,资本的流动与环境污染的关系不确定,如窦鹏鹏(2019)指出资本投资对环境污染的影响存在区域差异性[260]。此外,有学者发现环境污染在长期内会抑制经济与 FDI 的增长[261]。

　　基于上述分析,提出本书待检验假说 1:工业大气环境质量水平较高的区域更能吸引资本的相对流入。

7.1.1.2 环境污染与劳动力迁移

　　当前中国人口进入低生育阶段,工业总就业人数逐步下降,同时劳动力供给也从无限供给转入有限供给阶段[262],2004 年开始中国东部沿海地区出现"用工荒"[263],"招工难、用工难"现象逐步显现,说明中国人口红利时代已经过去了。为此,劳动力资本的流动问题开始受到学术界的普遍性关注。那么有哪些因素会影响劳动力的迁移,人们在求职过程中是否会考虑环境福利问题,也就是说环境质量问题是否会影响劳动力迁移?

　　针对环境污染和劳动力之间的关系,Hunter(2003,2005)发现环境污染会对劳动力的迁移有影响[264,265]。Holdaway(2010)发现环境的恶化会影响劳动力的迁移[266]。Hanna 和 Oliva(2011)研究发现二氧化硫排放上升 1% 将导致劳动者的劳动时间减少 0.61%[267]。Hosoe 和 Naito(2006)、Ikazaki 和

Naito(2012)指出环境污染引起熟练劳动力的跨区域流动[268]。Zivin 和 Neidell(2012)得到空气污染对劳动力供给不存在显著影响的结论[261]。夏怡然(2015)研究发现第三产业产值占比高且环境污染较低的城市对劳动力的吸纳能力更强[269]。肖挺(2016)研究得到污染排放确实会在一定程度上造成人口流失[267]。秦炳涛和张玉(2019)指出雾霾污染对发达城市的劳动力流动的影响更为明显,东部地区明显高于中、西部地区[270]。许和连等(2019)研究发现,环境污染会促进劳动力的迁移,但不同区域的影响情况不一样,大城市的环境污染问题对劳动力的驱赶较为明显,而中小城市未出现环境污染问题对劳动力的迁移影响[271]。罗勇根等(2019)研究发现,空气质量的下降显著地促进人力资本的流动,而且空气环境质量好的城市对人力资本的吸引力更大[272]。以上研究显示,环境污染越发严重的地区或者环境质量水平下降的地区会显著推动劳动力迁移,环境质量提升或环境质量较好的地区,人力资本吸引力相对较强。

基于此,提出本书待检验假说2:工业大气环境质量水平较高的区域更能吸引劳动力的相对流入。

7.1.2 环境污染与产业转移

产业转移实际上是生产要素的转移,从一方转到另一方的过程。20世纪80年代,在对外开放战略的政策背景下,凭借优越的地理条件和劳动力成本优势的东部沿海地区,吸引了大量的国际制造业转移,使得东部沿海的制造业取得了飞跃发展[273]。在工业化进程的推动下,东部沿海地区的制造业企业出现了大量集聚,并与中、西部地区形成明显的产业梯度差异[274]。近年来,伴随劳动力、土地等要素成本的提升以及国际金融带来的冲击,东部沿海面临产业转移的巨大压力[263]。同时,为促进中国区域协调发展问题,中共中央提出了"中部崛起"战略、"西部大开发"战略,东部重工业产业向中、西部迁移,从而实现了东部地区的"腾笼换鸟"及产业的升级,推动中、西部地区的经济快速发展。此外,随着东部环境约束力的不断增强,东部企业转移也进入了高峰期。然而,产业转移过程中,产业承接地经济得到快速发展,但同时也面临着环境污染问题,为此产生了"污染避难所"和"污染天堂"假说。

具体而言,有学者认为产业转移会为承接地提供新的生产技术和设备及新的排污技术,而技术进步能够提高资源利用率,进而提高承接地的环境质量[261,275],主要有技术溢出理论、波特假说和"污染光晕"假说等。傅为忠和边之灵(2018)认为承接产业转移能够显著推动工业绿色发展水平[276]。翟柱玉等(2018)指出污染产业转移促进了西部地区的环境治理投资[277]。张友国(2019)指出在 2002—2015 年期间在长江经济带发生的产业转移显著地减少环境污染的排放[278]。与之不同,部分学者指出产业转移是因为某些地区的高环境标准导致企业无法承担高昂的治污成本,进而将企业转移到低环境标准的地区,从而会导致承接地环境质量的下降[279,280],主要有"污染天堂"假说和产品生命周期理论。豆建民和沈艳兵(2014)指出在中国中部崛起战略实施后,中部地区在承接产业转移时具有显著的污染溢出效应[281]。李敦瑞(2016)研究表明,在产业转移的背景下,中国中、西部地区的工业污染排放比重呈现逐年上升的趋势[282]。刘满凤等(2017)指出近年来中部地区所承接的产业主要以劳动密集型为主,导致环境污染溢出效应明显[283]。冉启英等(2019)指出省际产业的转移不仅加剧承接地环境污染的影响,也会对邻近区域的环境污染造成负面影响[284]。此外,还有部分学者认为:产业转移与环境质量存在不确定的关系。陈凡等(2019)指出国家级承接产业转移未加剧区域的环境污染,西部地区的示范区显著地改善了区域环境,而中部地区的承接地却加剧了环境污染[285]。

基于上述分析,我们提出本书待检验假说 3:工业大气环境质量水平较高的区域更有利于吸引产业迁入。

7.1.3 环境污染的发展效应述评

从前文的分析可知,当前关于环境污染的研究内容较为丰富,集中在环境污染问题对生产要素流动、产业结构转移的影响,缺乏较好的环境质量区域对生产要素流动、产业结构转移的影响研究;其次,已有研究模型较多采用线性关系分析,实证结果非是即否,研究结果可能偏离实际情况。基于此,本章通过 GVAR 模型论证中国工业大气环境效率水平的提高对中国工业发展是"有好处"且"值得做"的价值问题。

7.2 模型和数据说明

目前 GVAR 模型在国家或者区域间经济、能源以及货币政策之间的影响方面都有相关研究。如,在货币政策上的应用,苏桅芳等(2015)采用 GVAR 模型研究国际贸易冲击、汇率冲击对中国宏观经济的影响[286]。叶永刚和周子瑜(2015)利用 GVAR 模型分析了我国货币政策冲击对工业 22 个行业的资产规模、盈利能力及从业人数的影响[287]。崔百胜和葛凌清(2019)研究实证分析中国数量型和价格型货币政策对世界主要经济体在实际 GDP、通货膨胀、利率和货币供应量方面的溢出效应[288]。在区域经济、能源及碳排放的应用,张红等(2014)研究中国经济增长对国际能源消费和碳排放的影响,将有助于从全球维度上理解经济增长、能源消费和碳排放之间的互动关系[289]。王美昌和徐康宁(2015)构建包含 33 个国家 5 个变量的 GVAR 模型研究贸易开放、经济增长和中国二氧化碳排放的动态关系[290]。崔百胜和朱麟(2016)运用 GVAR 模型,实证分析了具有空间关联性的中国各省(区市)能源消费控制对经济增长和碳排放的动态影响[291]。在空间溢出效应上的研究,蒋帝文(2019)使用 GVAR 模型检验了东部、中部、东北以及西部四大地区之间第二、三产业的溢出效应[292]。孙昊和胥莉(2019)采用 GVAR 模型实证了制度变迁对各地区经济增长的空间外溢效应,包括正溢出效应、负溢出效应[293]。

7.2.1 GVAR 模型构建

GVAR 模型的基本思路:首先构建单个国家(地区)的 VARX * (向量自回归模型),其次通过贸易矩阵或资本流量等方式将各国(地区)VARX 连接起来形成一个系统(即 GVAR),最终在 GVAR 框架下进行研究各国(地区)

的经济联系。正因为 GVAR 模型是将各地区 VARX* 模型在一个一致的框架下进行分析,使得 GVAR 模型能够清晰地分析变量之间的短期和长期相互影响程度,反馈整个经济系统中各国家(或地区)之间的内在动态联系,以及不同经济体之间的溢出效应。

如上所述,全局向量自回归模型是建立一组特定对象的 VARX* 模型之上,单个模型 VARX* 含有内生变量、外生变量、全局变量,其中内生变量表示为第 i 区域的经济变量,一般使用 x_{it} 表示;外生变量通过区域间贸易关系或者地理位置加权计算得到,对应于与第 i 区域有贸易往来的区域同一经济变量的加权值,一般用 x_{it}^* 表示,即 $x_{it}^* = \sum_{j=1}^{N} w_{ij} x_{jt}$,其中 w_{ij} 表示 j 国经济变量对 i 国同一经济变量的影响程度,且 $\sum_{j=1}^{N} w_{ij} = 1$,一般由贸易矩阵或者地理位置计算获得;全局变量表示对所有区域都有影响的外生经济变量,一般用 d 表示。因此单个 VARX* 可设定如式(7-1),限于篇幅,本书以 VARX*(1,1) 为例。

$$X_{it} = \alpha_{i0} + \alpha_{i1}t + \Phi_i X_{i,t-1} + \Lambda_{i0} X_{it}^* + \Lambda_{i1} X_{i,t-1}^* + \Psi_{i0} d_t + \Psi_{i1} d_{t-1} + u_{it} \qquad (7\text{-}1)$$

$$u_{it} \sim \text{i.i.d}(0, \textstyle\sum_i)$$

其中,$i = 0,1,2,\cdots,N$,t 是时间趋势向,$\sum_i$ 为正定矩阵,X_{it} 为 $k_i \times 1$ 国内变量向量矩阵,X_{it}^* 为 $k_i \times 1$ 国外经济变量,Λ_{i0} 和 Λ_{i1} 系数存在是 GVAR 和 VAR 差异所在,反映了其他区域经济变量对内生经济变量的影响程度。

随后,在各国 VARX* 模型的基础上,通过识别和检验变量协整关系构建 VECMX* 模型,最后根据贸易权重矩阵,将各国的 VECM* 进一步整合成 GVAR 精简形式,如式(7-2):

$$Gx_t = \alpha_0 + \alpha_1 t + Hx_{t-1} + \Psi_0 d_t + \Psi_1 d_{t-1} + u_t \qquad (7\text{-}2)$$

$$\alpha_j = \begin{pmatrix} \alpha_{0j} \\ \alpha_{1j} \\ \vdots \\ \alpha_{Nj} \end{pmatrix}, G = \begin{pmatrix} A_0 W_0 \\ A_1 W_1 \\ \vdots \\ A_N W_N \end{pmatrix}, H = \begin{pmatrix} B_0 W_0 \\ B_1 W_1 \\ \vdots \\ B_N W_N \end{pmatrix}, \psi_j = \begin{pmatrix} \psi_{0j} \\ \psi_{1j} \\ \vdots \\ \psi_{Nj} \end{pmatrix}, u_t = \begin{pmatrix} u_{0t} \\ u_{1t} \\ \vdots \\ u_{Nt} \end{pmatrix}$$

式中 $A_{i0}=(I_{ki},-\Lambda_{i0})$，$B_{i0}=(\Phi_i,\Lambda_{i0})$，$W_i$ 为 $(k_i+k_i^*)\times k_i$ 阶矩阵，G 为 $k_i\times k_i$ 阶矩阵，若 G 为非奇异矩阵，式(7-2)两边可同时乘以 G^{-1}，得到 GVAR 最终形式，如式(7-3)，其中 $b_0=G^{-1}a_0$，$b_1=G^{-1}a_1$，$\Gamma=G^{-1}H$，$\Upsilon_0=G^{-1}\Psi_0$，$\Upsilon_1=G^{-1}\Psi_1$，$\varepsilon_t=G^{-1}u_t$。

$$x_t=b_0+b_1t+\Gamma x_{t-1}+\Upsilon_0 d_t+\Upsilon_1 d_{t-1}+\varepsilon_t \tag{7-3}$$

根据此式，模型可用广义脉冲分析考察系统中任意一个区域中的某个经济变量发生变动对该区域其他变量或者其他区域各变量的动态影响。同时，GVAR 模型具有较高延展性，可根据学者需求将部分省份或者国家联结成区域或者经济联合体，比如将北京、天津等 11 个省份合并成东部地区，具体区域变量构建公式如下：

$$x_{it}=\sum_{l=1}^{N}w_{il}^0 y_{ilt} \tag{7-4}$$

其中 y_{ilt} 表示区域 i 中的 l 省市(国家)，w_{il}^0 为区域构建权重向量，一般采用贸易总额或者 GDP 占区域总额比重表示。

根据上文介绍，本书直接采用 30 省市数据，通过 GVAR 模型建立中国工业大气环境效率的工业规模和工业要素转移效应 $VARX^*(1,1)$ 模型如下：

$$
\begin{pmatrix} aee_{it} \\ capitalt_{it} \\ labort_{it} \\ indt_{it} \end{pmatrix}=\begin{pmatrix} a_{i,0} \\ a_{i,0} \\ a_{i,0} \\ a_{i,0} \end{pmatrix}+t\begin{pmatrix} a_{i,1} \\ a_{i,1} \\ a_{i,1} \\ a_{i,01} \end{pmatrix}+\Phi_i\begin{pmatrix} aee_{it-1} \\ capitalt_{it-1} \\ labort_{it-1} \\ indt_{it-1} \end{pmatrix}+\Lambda_{i,0}\begin{pmatrix} aee_{it}^* \\ capitalt_{it}^* \\ labort_{it}^* \\ indt_{it}^* \end{pmatrix}+
$$

$$
\Lambda_{i,1}\begin{pmatrix} aee_{it-1}^* \\ capitalt_{it-1}^* \\ labort_{it-1}^* \\ indt_{it-1}^* \end{pmatrix}+\Psi_{i,0}\begin{pmatrix} poil_t \\ poil_t \\ poil_t \\ poil_t \end{pmatrix}+\Psi_{i,1}\begin{pmatrix} poil_{t-1} \\ poil_{t-1} \\ poil_{t-1} \\ poil_{t-1} \end{pmatrix}+u_{it} \tag{7-5}
$$

本书所构建的全局向量自回归模型的内生变量为区域工业大气环境效率、区域工业固定资本流动、区域工业人力资本流动、区域工业转移指标，分别用 aee、capitalt、labort 和 indt 表示，其外生的形式可以表示为 aee^*、$capitalt^*$、$labort^*$ 和 $indt^*$。全局变量为原料价格，主要是指石油价格，用 poil

表示。Φ、Λ、Ψ 分别为内生变量、外生变量、全局变量所对应待估参数的系数矩阵；u 为异质冲击，且 $u \sim i.i.d(0, \sigma^2)$。

其中，区域工业转移指标构造方式多样，本书采用孙晓华等[294]学者观点，认为区域工业转移指标既要考虑工业增加值在全国相对份额的变化情况，也要同时考虑地区经济整体发展情况，具体如下：

$$indt_{it} = \frac{\dfrac{ind_{it}}{\sum ind_{jt}}}{\dfrac{GDP_{it}}{\sum GDP_{jt}}} - \frac{\dfrac{ind_{i0}}{\sum ind_{j0}}}{\dfrac{GDP_{i0}}{\sum GDP_{j0}}} \quad (j = 1, 2, \cdots, 30) \tag{7-6}$$

其中，ind_{it} 表示 i 区域 t 年工业增加值，$\sum ind_{jt}$ 表示全国 t 年工业增加值，ind_{i0} 表示表示 i 区域基期工业增加值，GDP_{it} 表示 i 区域 t 年国民生产总值。该公式通过与基期对比考察工业转移情况，倘 $indt_{it} > 0$，则表示 i 区域 t 年工业规模相对于基期发生转入，倘 $indt_{it} < 0$，则表示 i 区域 t 年工业规模相对于基期发生转出。

同样，本书还构造了区域工业固定资本和区域人力资本流动指标，具体如下：

$$capitalt_{it} = \frac{\dfrac{capital_{it}}{\sum capital_{jt}}}{\dfrac{ind_{it}}{\sum ind_{jt}}} - \frac{\dfrac{capital_{i0}}{\sum capital_{j0}}}{\dfrac{ind_{i0}}{\sum ind_{j0}}} \quad (j = 1, 2, \cdots, 30) \tag{7-7}$$

$$labort_{it} = \frac{\dfrac{labor_{it}}{\sum labor_{jt}}}{\dfrac{ind_{it}}{\sum ind_{jt}}} - \frac{\dfrac{labor_{i0}}{\sum labor_{j0}}}{\dfrac{ind_{i0}}{\sum ind_{j0}}} \quad (j = 1, 2, \cdots, 30) \tag{7-8}$$

与区域工业转移指标一致，倘 $capitalt_{it}$ ($labort_{it}$) > 0，则表示 i 区域 t 年工业固定资本（人力资本）规模相对于基期发生转入；倘 $capitalt_{it}$ ($labort_{it}$) < 0，则表示 i 区域 t 年工业固定资本（人力资本）规模相对于基期发生转出。

同时，本书利用 GVAR 模型区域合并功能，将全国 30 省市划分东部、中部和西部地区，以便更好阐述、论证中国工业大气环境效率对区域工业转移和区域工业要素流动效应,其中省市合并采用权重向量 w_{it}^0 为各省市 2003—2017 的年均工业增加值占其所在地区总年均工业增加值的比重。

7.2.2 数据来源

GVAR 模型中涉及区域工业大气环境效率的数据来自本书第四章虚拟前沿面 SBM-U 模型的计算结果,区域工业固定资本存量流动、区域工业人力资本流动、区域工业转移通过上述公式计算可得,其他数据通过 Wind 数据库获得。

7.3 实证分析

7.3.1 统计检验

GVAR 模型应用需要对变量进行平稳性、弱外生性和协整检验。GVAR 模型软件包中采用 ADF 和 WS 方法对变量进行单位根检验,检验结果显示 (见表 7-1):东部、中部、西部地区内生变量 aee、capitalt、labort、indt 和外生变量 aee*、capitalt*、labort*、indt* 以及全球变量 poil 的原始数列平稳性较差,绝大部分都未通过显著性 5% 的平稳性检验,但其一阶差分形式均通过了显著性 5% 的平稳性检验。

接下来,对各个 VARX 模型中可能存在的协整关系进行检验。利用迹检验和最大特征值检验法对各区域方程进行协整检验,结果显示所有方程均存在一个以上的协整关系,由此表明东部、中部和西部区域变量存在稳定的长期均衡关系。

最后,对模型中所有国外变量进行弱外生性检验。采用全局向量自回归模型外生性对国外变量进行弱外生性检验,检验结果显示(见表 7-2),东部、中部和西部所有的国外变量 F 统计值均小于 5％ 显著性的临界值。由此表明，三个区域国外变量对内生变量具有长期的影响，符合模型弱外生性要求。

表 7-1　东、中、西部地区模型变量的 ADF 检验

变量	东部	中部	西部	变量	东部	中部	西部
aee	−1.9144	−1.2119	−1.7855	aee*	−1.6857	−0.9949	−0.7404
capitalt	−2.5307	−3.0094	−3.1263	capitalt*	−4.0425	−2.2066	−1.8738
labort	−3.2866	−2.6157	−2.1462	labort*	−3.1927	−2.4315	−1.7579
indt	−2.1732	−1.3438	−3.3284	indt*	−1.8906	−1.8932	−1.9745
Daeet	−2.9848	−6.1364	−5.5955	Daeet*	−6.1915	−3.2410	−3.1620
Dcapitalt	−5.6248	−4.7958	−4.9058	Dcapitalt*	−4.9054	−5.4965	−7.9937
Dlabort	−5.0174	−3.5819	−7.4948	Dlabort*	−4.2645	−3.8672	−6.3002
Dindt	−6.0679	−5.8177	−4.0895	Dindt*	−6.4161	−5.9141	−4.0324
poil		−2.0903		Dpoil		−3.7325	

表 7-2　各区域模型国外变量的弱外生性检验

国家	F 检验 类型	临界值 （5％）	aee*	capitalt*	labort*	indt*	poil
东部	F(3,13)	3.4105	0.4185	0.1429	0.6641	0.0722	
中部	F(2,14)	3.7389	0.1193	0.2276	0.0757	0.0018	0.4187
西部	F(2,14)	3.7389	0.0413	0.0475	0.1064	0.0763	0.1789

7.3.2　工业要素流动、工业产业转移的时空脉冲响应分析

GVAR 模型工具包提供了广义脉冲响应函数方法（GIRF，generalized impulse response function）和正交化的脉冲响应函数方法（OIRF，orthongonalished impluse response function），但由于 OIRF 方法采用 Choleskey 进行分解，脉冲结果对变量的顺序十分敏感，而 GIRF 方法能有效避免 OIRF 脉冲中的排序问题。因此，本书选择广义脉冲响应函数（GIRF）。

（1）区域工业大气环境效率对区域工业固定资本流动的脉冲响应分析

图 7-1 为区域工业大气环境效率对东、中、西部地区工业固定资本的一个标准差的正向冲击的脉冲响应情况,结果显示,在第 0 期时,东、中、西部地区均呈现正向作用。东部地区在第 1 期时达到最小值(一0.0015),随后从第 2 期开始呈现波动增长的正向响应,在第 8 期达到最大值(0.0013),并于 13 期收敛于 0.0010。中部地区在第 1 期到第 9 期期间呈现正"V"形的正向响应变动趋势,在第 3 期达到最小值(0.0043),在第 9 期达到最大值(0.0128),随后逐步收敛于 0.0119。西部地区在第 1 期到第 4 期期间呈现倒"V"形的正向响应变动趋势,在第 4 期达到最小值(0.0005),随后呈现增长趋势,并逐步收敛于 0.0006。可见,从中长期来看,东、中、西部地区均收敛于正值。上述结果说明,工业大气环境效率提升有利于吸引固定资本流入,但各区域工业大气环境效率提升对资本吸引程度存在较大差异,其中中部地区工业大气环境效率提升对资本吸引力最强,而东部和西部地区环境效率提升对招商引资相对较弱,这主要是东部地区因其具有较高工业大气环境效率水平和较高的存量固定资本,以及较高的资本准入门槛,而西部地区因基础设施等天然区域劣势,短期内还难以将环境优势转换为工业发展优势。

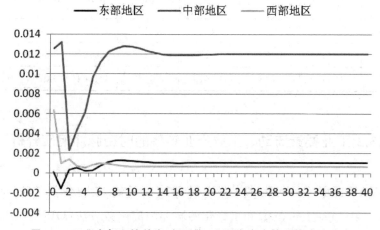

图 7-1 工业大气环境效率对区域工业固定资本转移的脉冲响应

(2)区域工业大气环境效率对区域人力资本流动的脉冲响应分析

图 7-2 为区域工业大气环境效率对东、中、西部地区工业人力资本的一个标准差的正向冲击的脉冲响应情况。结果显示,在第 0 期时,东、中、西部地区

工业人力资本均呈现正向作用。东部地区从第 1 期到第 3 期期间呈现正"V"形的波动响应,在第 2 期达到最小值(-0.0006),从第 3 期开始呈现波动增长的正向响应,并从第 18 期开始逐步收敛于 0.00054。中部地区从第 2 期开始呈现负向响应,在第 5 期达到最小值(-0.0095),随后收敛于-0.0069。西部地区从第 1 期开始呈现负向响应,并且在第 1 期时为最小值(-0.0018),从第 9 期开始逐步收敛于-0.0015。与资本流入不同,东部地区工业大气环境效率提升形成显著的洼地效应,促进区域人力资本的流入,而中部和西部地区工业大气环境效率提升却导致人力资本流出,研究结果基本符合当前现状。上述结果表明,工业大气环境效率提升短期内都有利于工业人力资本的提升,但长期内不同区域的影响效果却存在差异,导致这种差异的主要原因在于职工工业从业人数和人力资本总量受限。根据工业从业人数可知,2014 年中国工业从业人数和工业人力资本达到最高值,随后逐步不断下滑,这意味着全国工业从业人数和人力资本总量是有限的,在这种情况下,工业从业人员,特别是高素质工业技术员工更倾向于到经济水平较高、福利待遇较好和工业生产环境较好的东部地区就业。

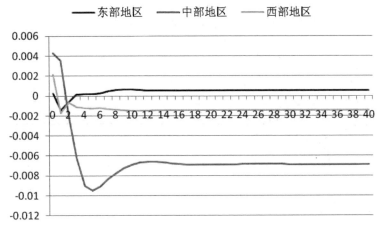

图 7-2　工业大气环境效率对区域工业人力资本转移的脉冲响应

(3)区域工业大气环境效率对区域工业转移的脉冲响应分析

图 7-3 为区域工业大气环境效率对东、中、西部地区工业规模转移的一个标准差的正向冲击的脉冲响应情况,结果显示东、中、西部地区工业规模转移

受到的冲击响应结果具有显著的差异性。对应一个标准差区域工业大气环境效率的正向冲击,在第0期时,东、中、西部地区的工业规模转移均呈现负向响应,其中中部地区的负向冲击最大,达到-0.0045。但随着时间的推移,东、中、西部地区呈现不同程度的变化,其中东部地区从第1期开始就呈现持续地正向响应,并于第2期达到最大值(0.0178),随后在第10期时逐步收敛于0.010值;中部地区从第3期开始才呈现正向响应,并于第5期达到最大值(0.0022),随后出现下滑,并于第15期收敛于0.0005;西部地区在第1期达到最大值(0.00066),随后在第2期下滑至负数,并一直处于负向响应,并于第9期收敛于-0.0002。可见,从中长期来看,东、中、西部三大地区最后都趋于稳定。上述结果表明,短期内,工业大气环境效率提升必将依赖工业企业减排和高污染企业的强制关停,提高企业环境治理成本,必然会导致企业向环境污染成本低的区域转移;但长期而言,工业大气环境效率持续提升,一般会促进高质量资本和劳动力的流入,推动区域工业绿色发展,进而表现为工业产业相对转入。就如东部地区一样,工业大气环境效率提升既带来了高质量的固定资本和人力资本流入,又促进了区域工业产业的流入。但与此同时,工业发展相对落后的区域,因其工业基础设施、经济社会发展等多种原因,并非必然能够将环境优势转化为区域工业发展优势,如西部地区。

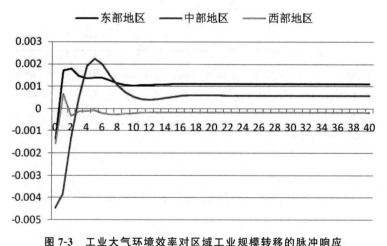

图 7-3　工业大气环境效率对区域工业规模转移的脉冲响应

7.3.3 区域间工业大气环境效率的时空脉冲响应分析

(1)东部地区工业大气环境效率对东、中、西部的脉冲响应分析

图 7-4 为东部地区工业大气环境效率对东、中、西部地区工业大气环境效率的一个标准差的正向冲击的脉冲响应情况。结果显示东、中、西部地区工业大气环境效率对冲击响应呈现不同的变动趋势。对应一个标准差东部地区的工业大气环境效率的正向冲击,在第 0 期时,东、中、西部地区的工业大气环境效率均呈现正向响应。但随着时间的推移,从第 1 期开始,西部地区的工业大气环境效率持续呈现负向响应,第 2 期达到最小值,并收敛于负值;东、中部地区的工业大气环境效率均从第 2 期开始从正向响应转为负向响应,东部地区在第 3 期达到最小值-0.0007,从第 17 期开始逐步收敛于-0.00012;中部地

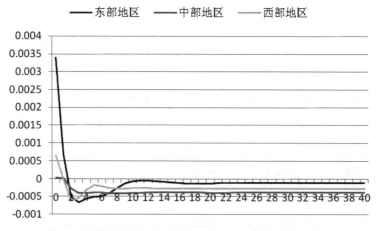

图 7-4 东部地区工业大气环境效率对东中西部脉冲响应

区呈现波动递减趋势,从第 7 期开始逐步收敛于-0.0004。上述结果表明,长期而言,东部地区工业环境效率将抑制中、西部工业环境效率。根据第六章结论可知,东部地区群众环保参与度较高,环境治理和产业结构调整对工业环境效率提升作用明显,这些特征表明东部区域企业环境污染成本高,倒逼部分不符合环保标准企业或者污染行业不断向中、西部地区梯度转移,导致中西部地区工业环境质量恶化[295]。

（2）中部地区工业大气环境效率对东、中、西部的脉冲响应分析

图 7-5 为中部地区工业大气环境效率对东、中、西部地区工业大气环境效率的一个标准差的正向冲击的脉冲响应情况。结果显示，东、中、西部地区均呈现正向的响应。东部地区从第 2 期开始就处于中、西部地区的上方，在第 5 期达到最大值 0.00828，随后出现下滑，并从 12 期开始逐步收敛于 0.00658。中部地区在第 0 期时其响应值最大且远大于东、西部地区，在第 2 期时被东部地区超越，但从第 0 期开始就一直处于西部地区的上方，其整体波动幅度较小且总体上呈现波动上升趋势，在第 7 期达到最大值 0.00479，随后逐步收敛于0.00472。西部地区也呈现较小的波动幅度，第 0 期到第 3 期呈现倒"V"形波动趋势，在第 1 期达到最大值 0.00178，在第 3 期达到最小值 0.0008，随后继续呈现微小的增长趋势，并逐步收敛于 0.0009。上述结果显示，中部地区工业大气环境效率提升具有明显的空间溢出效应，这将显著促进东、西部工业大气环境效率提升。不同于东部地区，提升中部地区环境治理强度和群众环保参与度对工业大气环境治理提升有限，而促进技术进步（单位能源消耗降低）和劳动者素质水平的提升对工业大气环境治理提升效果更为显著，故中部地区在工业大气环境效率提升过程中应该倾向于研发、引进先进生产工艺、绿色生产技术研发和引进，加快工业高素质人才引进。这些举措实施将有利于推动全国工业绿色发展，有利于促进东部、西部工业大气环境效率提升。

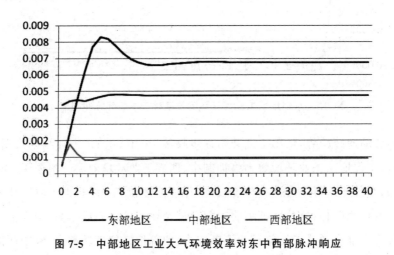

图 7-5　中部地区工业大气环境效率对东中西部脉冲响应

（3）西部地区工业大气环境效率对东、中、西部的脉冲响应分析

图 7-6 为西部地区工业大气环境效率对东、中、西部地区工业大气环境效率的一个标准差的正向冲击的脉冲响应情况。结果显示，在第 0 期时，除了中部地区工业大气环境效率呈现负向作用，东、西部地区均呈现正向作用。中部地区在整个周期均呈现负向的响应值，波动幅度极其微小，在第 0～4 期期间呈现下滑趋势，且从第 11 期开始就逐步收敛于 -0.00025。西部地区在整个周期的响应值均在最上方且为正向响应，呈现"L"形变动趋势，在第 3 期达到最小值 0.00033，随后逐步收敛于 0.00046。而东部地区只在第 0 期和第 1 期呈现正向响应，从第 2 期开始呈现负向响应，并在第 8 期达到最小值 -0.00086，随后呈现递增趋势并收敛于 -0.00074。上述结果显示，西部地区工业大气环境效率提升将显著抑制东部、中部地区工业大气环境效率提升。一直以来，西部地区工业发展相对落后，工业经济产出和大气污染排放物较东部和中部区域均相对较少，加上近年来随着东部人力成本、环境保护成本的提升，部分东部高污染、高排放工业产业逐步向西部转移。因此，西部地区应通过提高工业行业的大气环境标准，防止不符合环保要求的企业、行业从东部地区或者中部地区转入，致使东部地区高污染企业或者行业无法转出抑或向中部转移，从而阻碍东部、中部区域工业大气环境效率的提升。同时，7.3.2 第（3）点也论证了西部区域工业大气环境效率提升会阻碍工业行业相对转入。

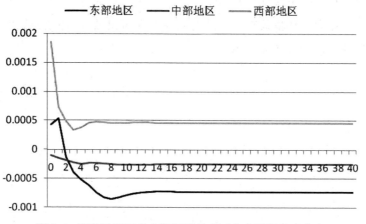

图 7-6　西部地区工业大气环境效率对东中西部脉冲响应

7.4 本章小结

本章以中国 30 个省市研究对象,运用全局向量自回归模型(GVAR)从动态视角考察中国省域工业大气环境效率的工业发展效应,结果显示:

(1)从短期和长期来看,工业大气环境效率提升总体上有利于吸引固定资本流入,但对区域促进作用略有差异,中部地区促进作用>东部地区>西部地区,这些差异主要由区域工业水平和招商门槛不同导致的。

(2)短期内工业大气环境效率提升都有利于工业人力资本的提升,但长期而言,工业大气环境效率提升将显著提升东部人力资本流入,抑制中、西部人力资本流入,导致这种差异的主要原因在于中国职工工业从业人数和人力资本总量有限,其中,东部地区更具有竞争力。

(3)短期内,工业大气环境效率提升导致区域工业行业转移,但长期而言,工业大气环境效率持续提升将促进东部和中部地区工业产业转入,抑制西部地区工业转入,与前文区域固定资本和人力资本相对流动相印证。

(4)区域间工业大气环境效率时空脉冲结果显示,东部和西部地区工业大气环境效率提升将不同程度地抑制了其他区域工业大气环境效率的提升,而中部地区工业大气环境效率提升具有明显空间溢出效应,即正向影响东部和西部地区的工业大气环境效率。

第**8**章

中国工业行业大气环境效率测度及其发展效应分析

　　第七章的研究结果显示,环境质量的提升对东、中、西部地区人力资本、固定资本的流动、工业行业转移的影响存在明显的区域异质性,同时在时间轴上也存在长、短期差异性效应。总体上显示,环境质量的提升对经济发展较好的东部地区呈现明显的推动作用,而对经济发展较为落后的中、西部地区呈现一定的阻碍作用,这一定程度上反映了我国东、中、西部地区的产业结构存在明显的差异性。为此,研究我国工业行业大气环境效率质量的高低对人才流动、固定资本流动以及工业行业经济产出的溢出效应对我国工业绿色发展战略有着重要的参考价值。与此同时,通过对不同类型工业行业大气环境效率的差异性进行分析,将有助于了解不同行业发展对工业大气环境的影响,从而为中国产业结构的调整提供更为准确的政策参考。

8.1 样本和数据说明

8.1.1 样本说明

为综合考察中国工业行业大气环境效率总体情况,本章选择中国工业行业为样本测度各产业大气环境效率,共计 41 个行业。考虑到研究可行性(如统计数据延续性)和部分大行业划分,如化工行业包含化学原料和化学制品制造业、医药制造业、化学纤维制造业、橡胶和塑料制品业等,本章将 41 个工业行业划分为采矿业、食品和烟草、纺织业、纺织服装鞋帽皮革羽绒及其制品、木材加工品和家具、造纸印刷和文教体育用品、石油、炼焦产品和核燃料加工品、化学工业、非金属矿物制品、金属冶炼和压延加工品、金属制品、通用设备、专用设备、交通运输设备、电气机械和器材、通信设备、计算机和其他电子设备、仪器仪表、其他制造产品、废品废料,电力、燃气及水生产和供应等 20 个大行业,具体划分如表 8-1 所示。

表 8-1　工业行业样本及其具体行业

序号	大行业	具体行业(42)
1	采矿业	煤炭开采和洗选业、石油和天然气开采业、黑色金属矿采选业、有色金属矿采选业、非金属矿采选业、其他采矿业
2	食品业	农副食品加工业、食品制造业、饮料制造业、烟草制品业
3	纺织品	纺织品
4	服装鞋服等	纺织服装鞋帽皮革羽绒及其制品
5	木材加工品和家具	木材加工及木、竹、藤、棕、草制品业、家具制造业
6	造纸文体	造纸及纸制品业、印刷业和记录媒介的复制、文教体育用品制造业

续表

序号	大行业	具体行业（42）
7	石油炼焦	石油、炼焦产品和核燃料加工品
8	化学工业	医药制造业、化学纤维制造业、化学原料和化学、制品制造业、医药制造业、化学纤维制造业、橡胶和塑料制品业
9	非金属制品	非金属矿物制品
10	金属冶炼加工	黑色金属冶炼和压延加工业、有色金属冶炼和压延加工业
11	金属制品	金属制品
12	通用设备	通用设备
13	专用设备	专用设备
14	交通运输设备	汽车制造业和铁路、船舶、航空航天和其他运输设备制造业
15	电气机械	电气机械和器材
16	电子设备	电子设备
17	仪器仪表	仪器仪表
18	其他制造	其他制造产品
19	废品废料	废品废料
20	电热水产供	电力、热力生产和供应业、燃气生产和供应业、水的生产和供应业

8.1.2 指标说明

为了确保研究的一致性,本章参照前文区域工业大气环境效率评价指标,选择各行业工业人力资本投入、工业固定资产和工业能源消耗为投入指标,选择各行业工业增长值为期望产出,选择为工业二氧化碳、工业二氧化硫和工业烟粉尘三个指标为期望产出。但因数据统计口径不同,本节工业人力资本投入和工业固定资产的计算方法略有不同,其他五个指标的计算方法参考区域工业部分,具体如表 8-2 所示。

表8-2　工业大气环境效率评价投入和产出指标

类型	名称	单位	方法
投入指标	工业人力资本投入	千万人	工业人员投入
	工业固定资产	亿元	采用永续盘存法
	工业能源消耗	万吨标准煤	中国能源统计年鉴
产出指标	工业增加值	亿元	中国工业统计年鉴
	工业二氧化碳	万吨	IPCC估算方法
	工业二氧化硫	万吨	中国环境统计年鉴
	工业烟粉尘	万吨	中国环境统计年鉴

工业人力资本投入,参考胡晓琳等学者做法[105][182],采用各行业每年就业人员,数据来源于《中国工业统计年鉴》;工业固定资产,继续采用单豪杰(2008)的永续盘存法计算[174],其中,每年新增投资额采用相邻两年的固定资产原件差值代替固定资本形成额,投资品价格指数以各省市的固定资产投资价格指数代替,基期资本存量 K。以2000年固定资产原价与累计折旧的差值表示,折旧率采用各年份累计折旧额与上年累计折旧额的差值与上年固定资产原价比率表示[296]。相关数据源于相应年份的《中国工业统计年鉴》《中国统计年鉴》《中国工业经济统计年鉴》《中国能源统计年鉴》《中国环境统计年鉴》等。

表8-3为中国工业行业的投入产出的统计性描述。由表可知,在工业投入方面,工业能源消耗数值和标准差最大,表明各行业能源消耗差异相对较大;工业固定资产标准差与均值比率、最大值与最小值的比率最大,表明各行业间固定资产投入分布差异最大。产出方面,工业二氧化碳样本均值、离散系数远高于工业烟粉尘和工业二氧化硫样本均值和离散系数,由此说明二氧化碳已是工业最为主要的大气环境排放物,且各行业二氧化碳排放量差异最大。

表 8-3　2003—2015 年中国工业行业投入产出指标描述性统计表

年份	最大值	最小值	均值	中位数	标准差
工业人员投入	9 977.21	5 748.57	8 443.012	8 837.63	1 337.433
工业固定资产	234 848.9	68 233.5	141 396	135 994.4	53 442.05
工业能源消耗	283 419.6	123 122.2	218 270.8	230 041.8	55 329.13
工业增加值	239 720	41 990.23	142 415.8	142 273.4	65 051.86
工业二氧化碳	557 537.7	241 422.6	435 305.1	461 219.4	107 335.6
工业二氧化硫	2 041.8	1 400.738	1 754.87	1 746.25	184.957 4
工业烟粉尘	1 682.96	957.410 6	1 233.922	1 138.87	242.895 4

表 8-4 展示工业投入产出指标的皮尔森相关系数(PEARSON),结果显示,投入指标间相关系数较高且显著,投入指标与工业增加值、二氧化碳排放量两个产出指标相关系数高度正相关,投入指标与工业烟粉尘相关系数显著为负,投入指标与二氧化硫相关系数为负但不显著,由此表明各行业投入程度关系到各行业的工业产出和大气排放物。

表 8-4　2003—2015 年中国工业投入产出相关性分析

投入产出指标	工业人员投入	工业固定资产	工业能源消耗	工业增加值	工业二氧化碳	工业二氧化硫	工业烟粉尘
工业人员投入	1	.916 ** .000	.957 ** .000	.957 ** .000	.957 ** .000	−.246 .418	−.812 ** .001
工业固定资产	.916 ** .000	1	.943 ** .000	.984 ** .000	.929 ** .000	−.492 .088	−.678 ** .001
工业能源消耗	.957 ** .000	.943 ** .000	1	.980 ** .000	.993 ** .000	−.289 .338	−.795 ** .001
工业增加值	.957 ** .000	.984 ** .000	.980 ** .000	1	.971 ** .000	−.380 .200	−.761 ** .003
工业二氧化碳	.957 ** .000	.929 ** .000	.993 ** .000	.971 ** .000	1	−.250 * .410	−.786 ** .001
工业二氧化硫	−.246 .418	−.492 .088	−.289 .338	−.380 .200	−.250 .410	1	.314 .297
工业烟粉尘	−.812 ** .001	−.678 * .011	−.795 ** .001	−.761 ** .003	−.786 ** .001	.314 .297	1

注:1% 显著,5% 显著。

8.2 测度结果及其分析

运用虚拟前沿面 SBM-U 模型测度 2003—2015 年中国工业行业大气环境效率,得到结果如表 8-5 所示。

根据表 8-5 整理得到中国工业行业大气环境效率总体情况(见图 8-1),一是中国工业行业大气环境效率总体水平相对较差,中国工业行业大气环境效率均值总体偏小,其中 2003 年中国工业行业大气环境效率最低,仅 0.137,2004—2013 年处于 0.2~0.5 之间,2015 年中国工业行业大气环境效率达到最高 0.576,但与最佳生产前沿面存在较大的改进空间;二是中国工业行业大气环境效率呈现较为明显增长态势,2015 年较 2003 年增长了 3.2 倍,年均增长了 12.7%,其中 2004—2007 年增速较高,年均保持达到了 20% 以上,且于 2005 年达到最高增速,为 47.54%,2008—2015 年增速相对平缓,年均保持在 15% 以内,其中 2008 年增速最低,仅有 1.16%。

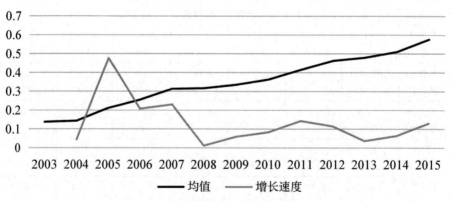

图 8-1　中国工业行业大气环境效率总体情况图

表 8-5　2003—2015 年中国工业行业大气环境效率的测算数据（虚拟前沿面 SBM-U 模型）

年份 省份	2003	2004	2005	2006	2007	2008	2009	2010	2011	2012	2013	2014	2015	均值	排序	年增速	排名
采矿业	0.126	0.108	0.195	0.255	0.325	0.335	0.360	0.375	0.408	0.462	0.477	0.503	0.685	0.355	9	9.03%	7
食品和烟草	0.245	0.255	0.353	0.427	0.449	0.485	0.484	0.524	0.619	0.645	0.671	0.709	0.780	0.511	2	6.32%	19
纺织品	0.093	0.093	0.149	0.178	0.213	0.230	0.250	0.268	0.301	0.364	0.388	0.404	0.442	0.260	16	8.89%	9
纺织服装鞋帽皮革羽绒及其制品	0.198	0.224	0.274	0.342	0.388	0.442	0.478	0.564	0.553	0.543	0.536	0.532	0.534	0.431	6	6.72%	18
木材加工和家具	0.103	0.105	0.160	0.192	0.232	0.250	0.275	0.303	0.381	0.406	0.413	0.409	0.437	0.282	14	8.79%	10
造纸印刷和文教体育用品	0.089	0.096	0.121	0.147	0.176	0.190	0.208	0.233	0.283	0.265	0.263	0.278	0.290	0.203	19	7.08%	14
石油、炼焦产品和核燃料加工品	0.077	0.070	0.086	0.105	0.225	0.259	0.250	0.270	0.286	0.313	0.342	0.355	0.419	0.235	18	9.71%	5
化工行业	0.113	0.121	0.165	0.201	0.241	0.257	0.275	0.296	0.338	0.374	0.375	0.395	0.416	0.274	15	7.65%	13
非金属矿物制品	0.031	0.029	0.044	0.057	0.064	0.116	0.143	0.182	0.229	0.261	0.268	0.276	0.294	0.153	20	14.32%	2
金属冶炼和压延加工品	0.075	0.041	0.172	0.245	0.289	0.293	0.313	0.324	0.360	0.375	0.399	0.440	0.616	0.303	11	12.33%	4
金属制品	0.131	0.122	0.183	0.232	0.285	0.281	0.298	0.316	0.387	0.355	0.358	0.359	0.415	0.286	13	6.76%	17

中国工业大气环境效率研究

续表

省份\年份	2003	2004	2005	2006	2007	2008	2009	2010	2011	2012	2013	2014	2015	均值	排序	年增速	排名
通用设备	0.141	0.145	0.229	0.293	0.336	0.342	0.348	0.369	0.452	0.555	0.559	0.588	0.632	0.384	7	8.68%	11
专用设备	0.120	0.126	0.181	0.240	0.305	0.325	0.359	0.387	0.466	0.503	0.487	0.496	0.524	0.348	10	9.27%	6
交通运输设备	0.212	0.236	0.267	0.319	0.407	0.409	0.455	0.492	0.532	0.588	0.639	0.705	0.801	0.466	5	6.79%	16
电气机械和器材	0.221	0.214	0.334	0.403	0.476	0.493	0.498	0.518	0.559	0.632	0.660	0.725	0.781	0.501	3	7.06%	15
通信设备计算机等	0.349	0.379	0.448	0.489	0.460	0.474	0.497	0.481	0.598	0.653	0.691	0.764	**0.851**	0.549	1	3.86%	20
仪器仪表	0.183	0.237	0.282	0.344	0.365	0.392	0.384	0.396	0.500	0.751	0.749	0.829	**0.851**	0.482	4	8.40%	12
其他制造产品	0.059	0.074	0.103	0.130	0.186	0.177	0.213	0.245	0.284	0.368	0.479	0.466	0.533	0.255	17	12.92%	3
废品废料	0.069	0.070	0.309	0.294	0.566	0.303	0.332	0.403	0.374	0.419	0.426	0.511	0.749	0.371	8	15.10%	1
电力、热、能的生产和供应	0.106	0.115	0.166	0.200	0.270	0.283	0.288	0.318	0.388	0.412	0.402	0.446	0.464	0.297	12	8.97%	8
最大值	0.349	0.379	0.448	0.489	0.566	0.493	0.498	0.564	0.619	0.751	0.749	0.829	0.851	0.583			
最小值	0.031	0.029	0.044	0.057	0.064	0.116	0.143	0.182	0.229	0.261	0.263	0.276	0.290	0.153			
均值	0.137	0.143	0.211	0.255	0.313	0.317	0.335	0.363	0.415	0.462	0.479	0.510	0.576	0.347			
标准差	0.077	0.087	0.100	0.111	0.121	0.106	0.104	0.107	0.115	0.139	0.142	0.162	0.181	0.120			

　　图 8-2(a)和图 8-2(b)展示了 2003—2015 年中国采矿业等 20 个工业行业大气环境效率发展趋势,结果显示:(1)中国各行业大气环境效率总体偏低,2003—2009 年 20 个工业行业大气环境效率值基本上低于 0.5(除 2007 年废品废料行业大气环境效率值为 0.567),2010—2015 年仅有纺织业、食品业、通用设备、专用设备、交通运输设备、电气机械、通信设备和仪器仪表等 8 个行业大气环境效率值总体高于 0.5,其他行业大气环境效率值总体仍处于 0.5 以下;(2)各行业工业大气环境效率水平呈现较为显著的差异,通信设备、食品业、电气机械、仪器仪表、交通运输设备以及服装鞋服等 6 个行业大气环境效率相对较好,其趋势图总体处于趋势图上方,通用设备、废品废料、采矿业、专用设备等 4 个行业大气环境效率高于工业行业大气环境效率平均水平,金属冶炼加工、电热水产供等 10 个行业大气环境效率水平低于工业行业大气环境效率平均水平,其中非金属制品、造纸文体行业大气大气环境效率相对较差,均不足 0.3,具体可见表 8-6;(3)各行业工业大气环境效率呈现较为显著增长态势,2003—2015 年各行业大气环境效率曲线呈现不同程度上升趋势,其中废品废料、非金属制品、其他制造产品、金属冶炼加工等行业上升态势最为明显,12 年间累计增长 3 倍以上,石油炼焦、专用设备、采矿业、电热水产供等行业增长相对较高,12 年间累计增长近 2 倍,其他行业增长相对平缓,其中通信设备增长最为缓慢,12 年间累计增长不足 1 倍。

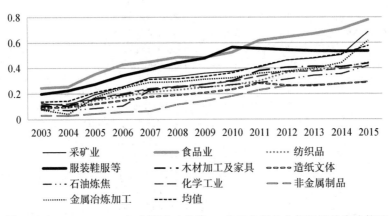

图 8-2(a)　2003—2015 年中国采矿业等 10 个工业行业大气环境效率趋势图

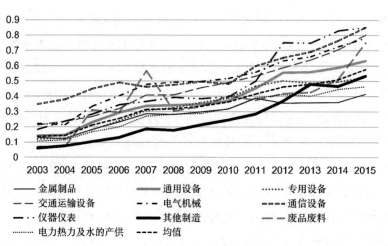

图 8-2（b） 2003—2015 年中国金属制品等 10 个工业行业大气环境效率趋势图

表 8-6　2003—2015 年我国 20 个行业的效率均值的大小顺序区间表

效率值（X）	个数	行业（含排序）
X＞0.5	3	1.通信设备 2.食品烟草 3.电气机械
0.4≤X＜0.5	3	4.仪器仪表 5.交通运输设备 6.服装鞋帽
0.3≤X＜0.4	5	7.通用设备 8.废品废料 9.采矿业 10.专用设备 11.金属冶炼加工
0.2≤X＜0.3	8	12.电力热力及水的产供 13.金属制品 14.木材加工和家具 15.化工行业 16.纺织业 17.其他制造 18.石油炼焦 19.造纸文体
0.1≤X＜0.2	1	20.非金属矿物制品

　　为更形象地展示中国工业各行业大气环境效率水平以及大气环境效率发展态势,本章采用象限图以各行业大气环境效率均值和大气环境效率年均增速为依据将 20 个行业分为四类,其中横轴表示各行业大气环境效率均值,纵轴表示各行业大气环境效率年均增速,横纵坐标交点为以 20 个行业大气环境效率均值和 20 个行业大气环境效率均值平均增速,标签表示代表行业名称,因行业名称较长,该处用序号表示,如序号 1 表示采矿业。

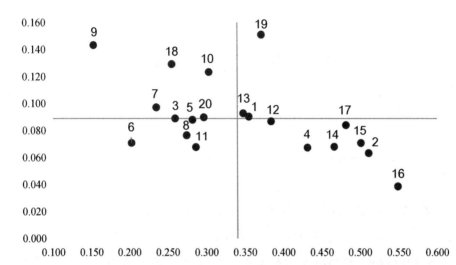

图 8-3　2003—2015 年中国工业行业大气环境效率均值和增速散点图

　　备注:其中 1 为采矿业,2 为食品业,3 为纺织品,4 为服装鞋服等,5 为木材加工及家具,6 为造纸文体,7 为石油炼焦,8 为化学工业,9 为非金属制品,10 为金属冶炼加工,11 为金属制品,12 为通用设备,13 为专用设备,14 为交通运输设备,15 为电气机械,16 为通信设备,17 为仪器仪表,18 为其他制造,19 为废品废料,20 为电力热力及水的产供。

　　根据图 8-3 显示,第一象限表示高大气环境效率水平和高大气环境效率增速,处于该象限的行业最为理想,其大气环境效率水平相对较高且发展态势良好,具体有废品废料、采矿业、专用设备等三个行业;第二象限表示低大气环境效率水平和高大气环境效率增速,处于该象限的行业为大气环境效率水平相对较差,但其增长态势较为明显,共有纺织品、木材加工及家具、石油炼焦、非金属制品,金属冶炼加工、其他制造、电力热力及水的产供等 7 个行业;第三象限表示低大气环境发展水平和低气环境效率增速,为大气环境效率发展相对最差的行业,其大气环境效率水平相对较低,增速也不太理想,具体有造纸文体、化学工业、金属制品等三个行业;第四象限表示高大气环境发展水平和低大气环境效率增速,处于该象限的行业为大气环境效率水平相对较高,但其发展态势相对缓慢,具体有食品业、服装鞋服、通用设备、交通运输设备、电气机械、通信设备、仪器仪表等 7 个行业。

8.3 工业行业大气环境效率发展效应分析

8.3.1 模型构建和检验

考虑到当前工业行业从业人数总体下降,各行各业对人才争夺已进入白热化阶段,留住人才、吸引资本对各工业行业绿色发展至关重要,故本章引入PVAR(面板向量自回归模型)分析工业行业大气环境效率溢出效应,主要为大气环境效率对人才、资本和工业增长的溢出效应研究。模型选择上,PVAR 模型兼具 VAR 模型和面板数据特点,既保留 VAR 模型优点,同时还具有自身特色,一是把所有的变量都视为内生变量,无须另外区分内生变量和外生变量,能够更为真实地反映各变量之间的关系;二是可以对向量自回归模型中未考虑的个体异质性问题进行有效控制。指标构建上,不同于第七章的差分形式,本节采用除数形式构造工业固定资产和工业劳动力相对流动率指标,具体如下:

(1)工业固定资产相对流动率(capital),计算公式如下:

$$\text{capital}_{it} = \frac{K_{it}}{K_{it-1} + K_{it-1}/K_{at-1} \times (K_{at} - K_{at-1})} \tag{8-1}$$

其中 K_{it} 表示行业 i 在 t 年的工业固定资产总量,$K_{at} = \sum_{i=1}^{N} K_{it}$ 表示第 t 年的所有行业工业固定资产总量;$K_{it-1}/K_{at-1} \times (K_{at} - K_{at-1})$ 表示行业 i 按

照 $t-1$ 年占比应当增加的工业固定资产，$K_{it-1}+K_{it-1}/K_{at-1}\times(K_{at}-K_{at-1})$ 表示按照上一年度占比，行业 i 在 t 年应当拥有工业固定资产总量。该公式通过对比行业 i 在 t 年实际工业固定资产总量与应当拥有工业固定资产总量得到工业固定资产相对流动率（capital），当 $\text{capital}_{it}>1$，表示相对于上一年度占比，行业 i 在 t 年的工业固定资产总量是净流入的；当 $\text{capital}_{it}<1$，表示相对于上一年度占比，行业 i 在 t 年的固定工业资产总量是净流出的。

（2）工业劳动力相对流动率（labor）。计算公式如下：

$$\text{labor}_{it}=\frac{L_{it}}{L_{it-1}+L_{it-1}/L_{at-1}\times(L_{at}-L_{at-1})} \tag{8-2}$$

其中 L_{it} 表示行业 i 在 t 年的工业劳动力人数，$L_{at}=\sum_{i=1}^{N}L_{it}$ 表示第 t 年的所有行业工业劳动力人数总量；$L_{it-1}/L_{at-1}\times(L_{at}-L_{at-1})$ 表示行业 i 按照 $t-1$ 年占比劳动力工业人数增量，$L_{it-1}+L_{it-1}/L_{at-1}\times(L_{at}-L_{at-1})$ 表示按照上一年度所占比重，行业 i 在 t 年应当拥有的工业劳动力人数总量。该公式通过对比行业 i 在 t 年工业实际劳动力人数与应当拥有劳动力人数得到劳动力相对流动率（labor），当 $\text{labor}_{it}>1$，表示相对于上一年度占比，行业 i 在 t 年的工业劳动力人数是净流入的；当 $\text{labor}_{it}<1$，表示相对于上一年度占比，行业 i 在 t 年的工业劳动力人数是净流出的。

（3）工业行业经济产出（output）。采用各行业增加值除以行业年均从业人数，采用对数形式。

根据上述指标，最终 PVAR 模型设定如下：

$$Z_{i,t}=\beta_0+\sum_{j=t-1}^{k}\beta_j Z_{i,j}+\alpha_i+\gamma_t+\varepsilon_{it} \tag{8-3}$$

其中 $i=1,2,\cdots,N$，表示各省市；$t=1,2,\cdots,T$，表示年份；$Z_{i,t}$ 为内生变量向量组，表示省市 i 第 t 年内生变量具体数值；Z 为包含 $\{\text{tech},\text{output},\text{capital},\text{labor}\}$ 向量组；α_i 表示各省市个体固定效应，γ_t 表示时间固定效应，ε_{it} 为随机扰动项。

上述指标原始数据来源于《中国工业统计年鉴》，表 8-7 罗列了上述指标统计性描述。

表 8-7 指标变量统计性描述

	均值	标准差	最小值	最大值
aee	0.3649	0.1741	0.0288	0.8507
labor	1.0068	0.0766	0.7550	1.8112
capital	1.0260	0.1509	0.6681	2.5638
output	2.7439	0.6193	1.0315	4.6969

在进行 PVAR 模型估计前,需要先对各行业的变量进行平稳性检验,目的是避免虚假回归出现,同时也是为了确保脉冲响应和方差分解结果的稳定性。故需要对 tech、labor、capital、output 四个变量的平稳性进行检验。通过采用 LLC、IPS、ADF 检验方法进行面板单位根检验,检验结果见表 8-8。结果显示,tech、labor、capital、output 四个变量都通过了平稳性检验,因此可建立 PVAR 模型。

表 8-8 各变量单位根检验结果

变量	LLC	IPS	ADF
aee	−3.0794	−1.7497	63.4781
	0.0010	0.0401	0.0105
labor	−5.2162	−6.3856	74.5159
	0.0000	0.0000	0.0008
captical	−4.9861	−5.8753	57.9969
	0.0000	0.0000	0.0327
output	−3.8137	0.0401	211.8910
	0.0001	0.0008	0.0000

一般而言,PVAR 模型将根据 AIC(Akaike Information Criterion)、BIC (Bayesian Information Criterion)、HQIC(Hannan-Quinn Information Criterion)准则确定最优滞后阶数从而确保模型估计准确性。基于此,本章根据 AIC 等准则,综合考虑本章数据时间跨度仅有 12 年,属于短面板数据,从而根据 BIC 准则确定选择最优滞后阶数为 1 阶。同时,为确保脉冲响应函数有

效,学者常用 AR 根模的倒数来检验 PVRA 模型是否稳定,图 8-4 结果显示 PVAR 模型对应特征方程的特征根的绝对值均小于 1,均在单位圆内,由此表明本章构建的 PVAR 模型具有良好的稳定性。

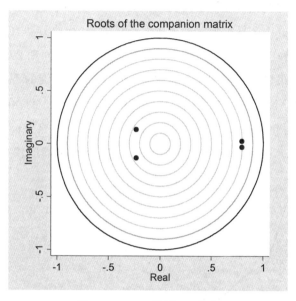

图 8-4　PVRA 模型 AR 检验

8.3.2 结果分析

本章使用 stata12.0 统计软件运行进行估计,由于面板向量自回归模型会存在时间固定效应和个体固定效应,因此在进行广义矩估计前,需要先消除 PVAR 模型中存在的固定效应,以保证估计的准确性。具体步骤如下:(1)对时间截面数据采用均值差分法对各变量去除时间固定效应;(2)再利用 Helmet 前向均值差分法去除个体固定效应。(3)通过 GMM 方法得到系数的有效估计。(4)最后进行脉冲响应和方差分解分析。因本章侧重探讨工业行业大气环境效率对劳动力和资本流动动态影响,故仅展示脉冲响应和方差分解分析结果。本章使用 stata16 统计软件进行 500 次的蒙特卡洛方法的模拟得到 aee、labor、capital、output 的脉冲响应函数图和方差分解表。

8.3.2.1 工业行业大气环境效率的效应分析

图 8-5 展示了行业大气环境效率施加一个正向标准差对行业大气环境效率、行业劳动力流动、行业资本流动以及行业经济产出的冲击,即假设行业大气环境效率提升 1 个标准差对行业大气环境效率、行业劳动力流动、行业资本流动、行业经济产出的冲击和影响,其中横轴为脉冲时间期数,纵轴为冲击和影响幅度。结果显示,aee 对自身冲击响应呈现先急后缓的下降过程,从第 0 期 0.035 快速下降至第 7 期 0.044,然后缓慢下降到第 15 期 0.0001,最终将收敛 0 的上方,由此表明大气环境效率短期内自身影响明显为正,长期影响相对较小。labor 对 aee 冲击的呈现明显正向响应,但影响幅度较小,其中最大值

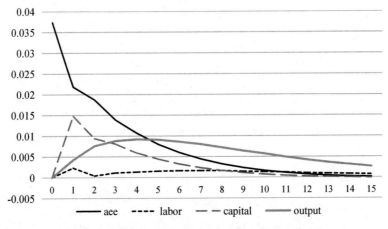

图 8-5　aee、labor、capital、output 对 aee 冲击的响应图

为第 1 期 0.0023,最小值为第 2 期 0.0004,由此揭示了大气环境效率提升短期内有利于吸引劳动力流入,但其对劳动力影响程度不够明显。capital 对 aee 冲击的响应呈现非常明显山峰型,在第 1 期达到最大值 0.0148,随后缓慢地下降,并于 14－15 期收敛于 0 附近,由此说明资本是趋绿的,尤其在当前绿色发展理念下,资本更加倾向流入绿色、低污染排放行业。output 对 aee 冲击响应则相对平缓,先从第 0 期缓慢提升至峰谷第 4、第 5 期,随后在缓慢下降至 15 期 0.0026,由此说明大气环境效率提升对行业经济产出影响是长期和缓慢的,其影响效果需要一定时间才能较好呈现。总体来看,大气环境效率冲击对自

身影响最大,其次为工业经济产出和资本流动,最小为劳动力流动,进而说明,大气环境效率发展效应是积极的,总体有利于大气环境效率和行业经济产出提升,有利于吸引劳动力和资本流入。

8.3.2.2 高水平和低水平行业大气环境效率的效应分析

为更清晰认识行业大气环境效率对劳动力和资本流动影响,本章根据各行业大气环境效率均值是否高于均值中位值将 20 个行业分为高水平大气环境效率行业和低水平大气环境效率行业,并在此基础上查看不同水平大气环境效率的发展效应。

图 8-6 和 8-7 分别展示高水平和低水平大气环境效率行业 aee 施加一个正标准差后对 aee、labor、capital、output 的冲击,结果显示,不同水平大气环境效率对劳动力、资本流动和工业产出存在显著的差异,具体如下,一是影响方向存在明显差异,大气环境效率较高行业的 aee、labor、capital 和 output 对 aee 冲击响应全部位于横轴上方,影响方向为正,但大气环境效率较低行业的 labor、capital 和 output 对 aee 冲击响应总体位于横轴下方,影响方向为负;二是影响大小存在较大差异,首先,细分大气环境效率高低行业 aee 冲击影响大小次序基本一致,为 aee＞output＞labor＞capital,不同于前文全行业脉冲响应分析影响次序 aee＞output＞capital＞labor,其次,大气环境效率较高行业 aee 冲击对 aee(或 labor、capital 或 output)影响最为显著,全行业 aee 冲击影响其次,大气环境效率较低行业 aee 冲击影响最小。上述情况说明,大气环境效率水平不同,大气环境效率提升效应不同,大气环境效率水平较高的行业,其大气环境效率水平提升有助于工业经济产出提升,有利于劳动力和资本的流入,但大气环境效率水平较低的行业,其大气环境效率提升将抑制工业经济产出提升,不利于劳动力和资本的流入。究其原因,笔者认为大气环境效率较高行业具有更强环境污染的治理水平,具有更强的要素报酬,因此其环境效率提升能够显著提升经济产出,吸引劳动力和资本流入;相反,大气环境效率较低行业环境治理综合成本更高,提升大气环境效率短期内将逼退经济产出,降低要素报酬,从而抑制劳动力和资本的流入。

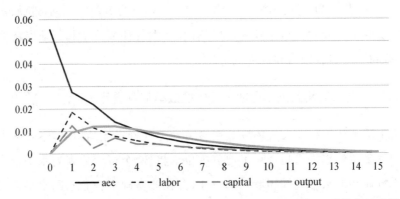

图 8-6　高水平大气环境效率行业 **aee**、**labor**、**capital**、**output** 对 **aee** 冲击的响应图

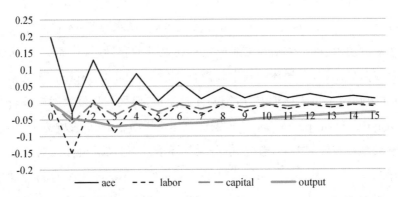

图 8-7　低水平大气环境效率行业 **aee**、**labor**、**capital**、**output** 对 **aee** 冲击的响应图

8.3.2.3 劳动密集型和资本密集型行业大气环境效率的效应分析

为进一步了解不同类型的行业大气环境效率对劳动力和资本冲击,本章根据各行业人均资本量(工业行业固定资产总数/工业行业从业人数)是否高于人均资本量中位值将 20 个行业分为资本密集型行业和劳动密集型行业,并在此基础上查看不同水平大气环境效率的发展效应。

图 8-8 和 8-9 分别展示资本密集行业和劳动密集型行业大气环境效率 aee 施加一个正标准差后对 aee、labor、capital、output 的冲击,结果显示,资本密集型和劳动密集型行业大气环境效率对劳动力等影响存在显著差异。具体而言,资本密集型行业 aee、labor、capital、output 对 aee 冲击响应显著为正,其

中对 aee 正向影响幅度＞对 capital 正向影响幅度＞对 labor 正向影响幅度＞对 output 影响幅度,即资本密集型行业大气环境效率提升效应明显,能够显著吸引资本和劳动力的流入,促进经济产出提升;劳动密集型行业 aee 对 aee、labor、capital、output 影响则存在明显差异,aee 对 output 和 labor 影响为正

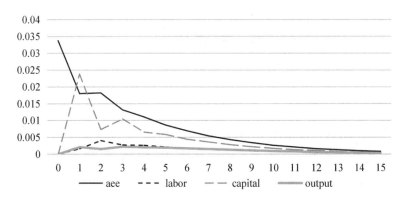

图 8-8　资本密集型行业 aee、labor、capital、output 对 aee 冲击的响应图

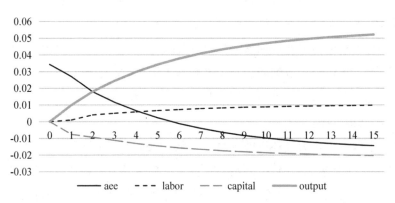

图 8-9　劳动密集型行业 aee、labor、capital、output 对 aee 冲击的响应图

向影响,且对 output 影响幅度大于对 labor 影响幅度,对 capital 影响为负向影响,影响幅度介于 output 和 labor 之间,对自身 aee 影响则是先正后负。同时,资本密集型行业 aee 对 output 和 labor 正向影响略小于劳动密集型行业 aee 对 output 和 labor 正向影响。上述现象说明,不同类型行业大气环境效率水平的提升效应存在差异,资本密集型行业大气环境效率提升有利于提高经济产出,也有利于资本和劳动力的流入,但劳动密集型行业大气环境效率水平

的提升仅有助于经济产出和劳动力的流入,却阻碍了资本的流入。由此表明,劳动密集型行业劳动力对环境污染更为敏感,高水平的大气环境效率意味着高质量的工作环境,因此更能吸引劳动力的流入。

8.4 本章小节

本章以中国工业行业为样本,共 41 个行业,并将 41 个工业行业划分 20 个大行业。采用虚拟前沿面 SBM-U 模型测度 2003—2015 年中国工业行业大气环境效率,并运用面板向量自回归模型(PVAR)从动态视角考察中国工业行业大气环境效率的发展效应,即研究行业大气环境效率对人才、资本和工业增长的溢出效应研究。研究结果显示:

(1)各行业能源消耗差异相对较大,二氧化碳已是工业最为主要大气污染排放物,且各行业二氧化碳排放量差异最大。

(2)投入指标与工业增加值、二氧化碳排放量两个产出指标相关系数高度正相关,投入指标与工业烟粉尘相关系数显著为负,投入指标与二氧化硫相关系数为负但不显著,由此表明各行业投入较大程度关系了各行业的工业产出和大气污染排放物。

(3)中国各行业大气环境效率总体偏低,2003—2009 年中 20 个工业行业大气环境效率值除 2007 年废品废料行业大气环境效率值高于 0.5 外,其他的均低于 0.5,2010—2015 年仅有 8 个(纺织业、食品业、通用设备、专用设备、交通运输设备、电气机械、通信设备和仪器仪表等)行业大气环境效率值总体高于 0.5,其他的均仍处于 0.5 以下。其次,各工业行业大气环境效率水平呈现较为显著的差异,且呈现较为显著增长态势。最后,废品废料、采矿业、专用设备等三个行业处于大气环境效率水平相对较高且发展态势良好状态,而造纸文体、化学工业、金属制品等三个行业处于低大气环境水平和低气环境效率增速状态。

(4)大气环境效率提升对行业经济产出影响是长期和缓慢的,其影响效果需要一定时间才能较好呈现。总体来看,大气环境效率冲击对自身影响最大,其次为工业经济产出和资本流动,最小为劳动力流动,进而说明,大气环境效率发展效应是积极的,总体有利于大气环境效率和行业经济产出提升,有利于吸引劳动力和资本流入。

(5)大气环境效率水平较高的行业具有更强的环境污染治理水平和要素报酬,因此较高水平的行业大气环境效率能够显著提高经济产出、吸引劳动力和资本流入;相反,大气环境效率较低的行业,其环境治理综合成本更高,因此提升行业大气环境效率在短期内将逼退经济产出,降低要素报酬,从而抑制劳动力和资本的流入。

(6)不同类型行业大气环境效率水平的提升效应存在差异,即资本密集型行业大气环境效率水平的提升有利于资本流入、劳动力流入和经济产出,而劳动密集型行业大气环境效率水平的提升仅利于劳动力流入和经济产出,却阻碍了资本流入,主要是因为劳动力对环境污染更为敏感,因此高水平的劳动密集型行业大气环境效率有利于吸引劳动力的流入。

第 **9** 章

研究结论、政策启示 及研究展望

9.1 研究结论

工业经济高速增长的同时不仅创造了巨大的物质财富,也带来了严重的环境污染问题和产生了巨大的环境成本损失,并且还严重地影响和威胁到居民的生存环境、身体(心理)健康及经济的可持续发展。近年来,在"两型"社会、"两山"理念、"美丽中国"政策指导下,全国上下生态环境治理力度不断强化,治理成效有所显现,但多地频现的十面"霾"伏、极端高温天气等大气环境问题依然突出。根据统计数据可知,工业部门是中国大气污染物主要排放单位,因而工业减排是实现中国大气污染减排重点领域,其工业大气治理的重要性也在中国《大气污染防治行动计划》、"十三五"规划等文件中得到印证。在此背景下,科学探讨工业大气环境效率问题对中国工业大气污染治理和工业绿色发展具有重要理论和实践价值。

当前,大气环境效率的研究已取得丰富的成果,为本书的研究奠定了良好的理论基础,但仍有部分研究内容需进一步拓宽和深入。因此,第一,本书对大气环境效率相关文献梳理的基础上,结合经济增长理论、可持续发展理论、绿色增长理论等经典理论,科学地提出工业大气环境效率的概念和内涵。第二,在梳理现有环境效率评价方法的优点和不足的基础上构建了工业大气环境效率评价模型(虚拟前沿面 SBM-U 模型)和评价指标体系,该评价模型不仅可以满足"坏产出"的科学处理和有效决策单元的有效排序要求,同时还可以避免评价指标体系选择的主观性,并形成全要素工业大气环境效率的理论分析框架。第三,从时间和空间维度全面比较和分析了 2003—2017 年中国 30 个省市的工业大气污染物排放总量、年均排放量及排放强度,初步认识和了解当前中国工业大气污染物排放的现实情况。第四,通过 SBM-U 模型、虚拟前沿面 SBM-U 模型两种方法测度 2003—2017 年中国各省市工业大气环境效率,对比两种模型的测度结果以论证所提出的虚拟前沿面 SBM-U 模型的合理性和价值性。在此基础上系统分析虚拟前沿面 SBM-U 模型测度的结果以全面认清当前中国工业大气环境效率的现状。第五,通过空间探索性工具和经济地理权重探索工业大气环境效率的空间相关模式。第六,从工业发展水平、工业增长要素水平和环境政策工具三个维度探讨工业大气环境效率影响因素的作用机理,选用空间计量模型考察中国工业大气环境效率各影响因素的作用程度。第七,运用 GVAR 模型从动态视角实证研究区域工业大气环境效率的价值问题,即回答良好的工业大气环境效率水平会给企业或区域发展带来什么"好处"的问题。第八,运用面板向量自回归模型(PVAR)从动态视角考察中国工业行业大气环境效率的发展效应,即研究工业行业大气环境效率对人才、资本和工业增长的溢出效应。

通过上述研究,本书得到以下研究结论:

第一,中国工业大气污染物排放的现状分析。结果显示:(1)总体来说,工业二氧化碳、工业二氧化硫、工业烟粉尘的排放总量得到有效的控制,工业大气污染物排放强度一定程度降低,说明中国工业大气污染物减排工作取得一定的成效,经济发展方式已开始向绿色经济发展方式转变。(2)按省域来看,以旅游产业为主的海南省,向高新技术和战略新兴行业转变的京、津、沪,全国第一个国家生态文明试验区福建以及西部欠发达地区的工业大气污染物排放均较少,而处于重工业为主的山东和河北的工业大气污染较为严重。(3)中国大部分省市的工业经济仍未转变三高一低的粗放型增长模式,工业大气环境质量仍处于较为严峻的趋势,共计 23 个省市工业经济属于高增长高排放和低增长低排放类型,占比高达 76.67％。(4)不同工业大气污染物排放存在显著的区域差异特征,如工业二氧化碳呈现东高西低,工业二氧化硫呈现东高中低,工业烟粉尘呈现中高西低。

第二,中国工业大气环境效率的评价结果分析。研究发现:(1)虚拟前沿面 SBM-U 模型测算的结果和 SBM-U 模型一样,均能反映真实的工业生产,但虚拟前沿面 SBM-U 模型能实现将 75％有效决策单元显著地区分出来,解决了决策单元的合理排序问题。(2)当前中国工业大气环境效率水平不是特别高,但在绿色发展建设资源节约型、环境友好型的背景下,2011—2017 年间中国工业大气环境效率水平的年均增长速度明显得到较大的提高,说明当前的环境政策导向对环境改善有一定的促进作用。(3)中国省域间工业大气环境效率不均衡态势明显,省市间的差距呈增大趋势,且大部分省市工业大气环境效率水平偏低,集中在中等偏下水平区间。(4)中国各省市工业大气环境效率水平总体上呈现增长态势,具有明显的地带差异性,邻近省市之间的环境效率值逐步趋于相同水平,并且呈现东高西低的布局,其中北京、天津、上海的工业大气环境效率水平出现较大幅度的提高。(5)只有不到三分之一的省市工业大气环境效率呈现工业经济发展与大气环境的协调发展(高工业大气环境效率均值和高工业大气环境效率年均增长率),超过三分之一的省市工业大气环境效率的发展趋势不容乐观(低工业大气环境效率均值和低工业大气环境效率年均增长率),即工业经济发展与大气环境出现失衡状态,说明要实现中国工业经济的可持续发展之路任重而道远。(6)中国工业大气环境效率区域特征呈现东高西低的格局,并且东部与中、西部的工业大气环境效率差距被进一步拉大,形成了东部强者更强、西部弱者更弱的局面,为此中、西部地区迫切需要采取措施,快速改变当前落后局面。(7)从投入产出冗余率来看,首先工业大气环境污染超额排放是中国工业大气环境效率较低的直接原因,并且呈现非期望产出冗余率远超过各项投入冗余率。具体表现为工业烟粉尘的冗余率＞工业二氧化硫冗余率＞工业二氧化碳排放冗余率,工业人力资本冗余率＞工业能源消耗冗余率＞工业固定资本冗余率。其次工业大气环境效率水平较高的省市工业非期望产出冗余率和投入冗余率都较低。同时人力资本冗余率呈现东高西低,其他指标均呈现西高东低。最后,从东、中、西部地区来看,也呈现非期望产出冗余率大于投入冗余率,且投入产出冗余率呈现西部地区＞中部地区＞东部地区。(8)从变异系数和泰尔指数分析结果来看,首先东、中、西部地区工业大气环境效率的变异系数呈增长趋势,其中西部地区的区域差异程度最大。其次中国工业大气环境效率水平处于发散态势,并且工业大气环境效率的主要差异来自于地区内差异。

第三,中国工业大气环境效率的空间统计分析。结果显示:(1)中国工业大气环境效率存在显著的正向空间相关。(2)中国工业大气环境效率空间正相关省市仍然占据主导地位,中国工业大气环境效率的空间异质性出现上升,即中国工业大气环境效率正向的空间关联省市正逐步减少,负向的空间关联省市正逐步增加。(3)中国工业大气环境效率水平在中国的空间分布上表现出较强的空间稳定性,具有明显的"路径依赖"特征,同时也揭示了中部地区工业大气环境效率水平存在较弱的空间稳定性。(4)部分省市确实呈现出局域空间相关性,显著的 High-High 集聚类型主要分布在东部经济较为发达的地区,显著的 Low-Low 集聚类型主要分布在西部欠发达地区,中部地区均没有通过 LISA 显著性检验,最后形成以北京、天津、福建的 High-High 集聚区。

第四,中国工业大气环境效率的影响因素分析。研究发现:(1)中国工业大气环境效率不仅受该地区的相关因素影响,同时还受到相邻地区的工业大气环境效率及其相关因素的影响,存在正向的空间依赖性。(2)从全国层面上来看,所有解释变量都通过了显著性检验。提高经济发展水平、劳动力质量、技术水平、环境治理、公众参与度将会促进中国工业大气环境效率水平的提高。而产业结构、要素禀赋、环境规制的影响方向均为负向,说明当前中国仍未摆脱高消耗的粗放型工业经济发展模式。(3)从区域层面上来看,东、中、西部三大地区均存在个别解释变量未通过显著性检验,并且通过分析发现不同影响因素指标对不同地区的影响程度、影响方向存在不同,其显著性也存在差异。如,经济发展水平和技术水平的提高显著地促进东、中、西部地区工业大气环境效率水平的提高;要素禀赋、环境规制不同程度地显著地抑制了东、中、西部地区工业大气环境效率水平的提高。而劳动力质量只对中、西部地区有显著的促进作用,产业结构只对中、西部地区有显著的抑制作用,环境治理只对东、西部地区有显著的促进作用,公众参与度只对东部地区有显著的促进作用。可见,不同地区的工业大气环境效率水平受到影响的因素不同。这说明东、中、西部地区的地区异质性仍较为明显,如地区地缘结构、资源禀赋、开放程度、产业结构、人才储备等存在差异。

第五,中国工业大气环境效率的工业发展效应分析。研究发现:首先东部地区工业大气环境质量的提升能够转化为区域工业发展优势;中部地区工业大气环境质量的提升能够吸引固定资本和工业产业的转入,但却会导致人力资本的流出;西部地区工业大气环境效率质量的提升未能够转化为区域工业发展优势。具体来看:(1)中部地区工业大气环境效率提升对资本吸引力最强,而东部和西部地区环境效率提升对资本的吸引力相对较弱。(2)东部地区工业大气环境效率的提升形成显著的洼地效应,促进区域人力资本的流入,而中部和西部地区工业大气环境效率提升却导致人力资本流出,说明高素质工业技术员工更倾向于到经济水平较高、福利待遇较好和工业生产环境较好的东部地区就业。(3)短期内,工业大气环境效率的提升,反而会促使企业向环境污染成本低的区域转移;而从长期来看,随着工业大气环境效率的持续提升,一般会促进高质量资本和劳动力的流入,推动区域工业绿色发展,进而表现为工业产业相对转入。其次东、西部工业大气环境效率提升会不同程度地抑制其他区域的提升,而中部工业大气环境效率的提升具有明显空间溢出效应,正向影响东部和西部地区的工业大气环境效率。

第六,中国工业行业大气环境效率的发展效应。研究结果显示:(1)虽然中国工业行业大气环境效率总体水平相对较差,均值总体偏小,但呈现较为明显增长态势。(2)各行业大气环境效率水平呈现较为显著差异,通信设备、食品业、电气机械、仪器仪表、交通运输设备以及服装鞋服等6个行业大气环境效率相对较好,其趋势图总体处于趋势图上方,而非金属制品、造纸文体行业大气大气环境效率相对较差,均不足0.3。(3)大气环境效率发展水平相对较高且发展态势良好,具体有废品废料、采矿业、专用设备等三个行业;大气环境效率水平相对较低,增速也不太理想,具体有造纸文体、化学工业、金属制品等三个行业。(4)大气环境效率冲击对自身影响最大,其次为工业经济产出和资本流动,最小为劳动力流动,可见大气环境效率发展效应是积极的,总体有利于大气环境效率和行业经济产出提升,有利于吸引劳动力和资本流入。(5)大气环境效率发展水平较高的行业,其大气环境效率水平提升有助于工业经济产出提升,有利于劳动力和资本的流入,但大气环境效率水平较低的行业,其大气环境效率水平提升将抑制工业经济产出提升,不利于劳动力和资本的流入。(6)不同类型行业大气环境效率水平的提升效应存在差异,即资本密集型行业大气环境效率水平的提升有利于资本流入、劳动力流入和经济产出,而劳动密集型行业大气环境效率水平的提升仅利于劳动力流入和经济产出,却阻碍了资本流入,主要是因为劳动力对环境污染更为敏感,因此高水平的劳动密集型行业大气环境效率有利于吸引劳动力的流入。

9.2 政策启示

根据中国 30 个省市和 41 个工业行业的工业大气环境效率的研究结果,笔者认为中国在环境治理过程中要制定差别化的大气环境发展策略,加强区域联防联控机制。同时,在上述的研究结论基础上,可以获得以下几点政策启示:

第一,应因物制宜实施工业大气污染物减排工作。对不同工业大气污染物排放量的控制应采用差异化的环境规制标准,同时对不同行业的工业大气污染物的控制标准也要采取不同的环境规制标准。如,对于以工业二氧化碳排放为主的省市(或产业),不能以控制工业二氧化硫的排放标准执行减排工作,而应该有的放矢,控制工业大气污染物的排放量,即应认识到区域污染程度有别,应为各个地区制定出具体的污染物控制目标和控制范围,从而做到有重点区和侧重点区的区别治理,特别是对于西部地区或者环境效率低下的地区,尽量平衡经济发展水平和环境污染治理的关系。

第二,各省市政府应当结合当前工业大气环境效率现状和发展态势,因地制宜、因时制宜实施绿色工业发展道路。对于广东、天津、福建等高大气环境效率省市,应当继续保持当前发展态势,继续扩大工业大气环境的优先优势;对于海南、宁夏等工业大气污染物排放相对较小的省份,要着力加强工业产业发展,但工业发展中要保持定力,切勿为了经济发展牺牲大气环境,走上"先发展后治理"传统发展道路;对于山东等经济发展较好且大气污染排放物巨大的省份,应当加强工业产业结构转型,大力降低大气污染物排放来实现绿色发展;对于山西等资源禀赋的省份,提高资源开采水平,提高资源利用水平,降低资源开采空气污染。

第三,推广工业大气环境效率高水平区域的生产技术、管理水平、污染治理技术、产业结构,带动落后省市的工业大气环境效率水平提高。同时应将提升工业大气环境效率作为区域要素分配的核心指标。对于工业大气环境效率低下的地区应从内在动力机制制定区别化政策,确保各地区能尽可能实现环境治理上的公平、公正、公开的宗旨。

第四,国家政府及地方政府应采取加强与邻近区域的合作,摒弃传统区域"单打独斗"的环境污染治理模式,打破行政区界限。如,东部地区应为中、西部地区输出区位优势的人才,同时中、西部地区应向东部地区借鉴环境治理经验,有针对性地调整自身固定资产投资的主要构成,有意识地减少对高能耗、高污染、高排放的产业项目投资,将更多的资金转移至清洁能源的产业,实现固定资产冗余率的最大程度降低,最后实现良好的产学研合作,形成共同合作、共同竞争的良性环境。

第五,各省市要充分利用自身优势,结合工业经济产出和要素流动影响规律,有针对性地提高人力和资本引进门槛。具有大气环境优势省份,要充分利用区域大气环境质量所带来的区域竞争优势,提高劳动和资本引进门槛,重点吸引高素质人才和绿色资本,实现区域大气环境质量更好发展;同时,对于工业劳动力流入和固定资产投资多的地方,既要提高引入的门槛,同时也要引导劳动力和资本向清洁环保行业流动,实现区域大气环境、社会、工业经济协调发展。

第六,参考欧盟大气污染防治对策。如,欧洲各国针对大气污染物的跨界输送问题,签署一系列跨国协议,且不同国家的约定不同,同时强调逐步打破地方分割,尤其在基础设施建设及具有公共产品属性的产业,逐步完善区域合作机制,积极引导企业跨行政区的环境合作。

第七,针对行业大气污染排放效率非均衡性特征,首先,应该将行业大气污染排放效率低的部门作为重要监控和调整的对象,是当前提高工业大气污染排放效率的关键所在,尤其要提高造纸文体、化学工业、金属制品等三个行业的大气污染排放效率水平和增速水平。其次,还需加强高效率行业带动低效率行业的提升,从而提高整个工业大气污染排放效率。最后,应加快和加大造纸文体、化学工业、金属制品等工业行业的技术升级,通过从生产工艺流程等进行技术革新提高大气环境效率水平,从循环利用技术上、产业集群、规模化生产,抑或是寻求可替代清洁生产原料,从源头上有效地提高工业大气污染排放效率,降低污染排放量;同时,国家、地方政府应加大环保资助政策并严格把关和审查相关工业行业的进入门槛,采取最严格的质量把关,鼓励高端制造项目、有技术创新的工业企业的引进,摒弃三高两低企业,如附加值低、技术水平低、能耗高、污染排放高、安全生产风险高的企业。

9.3 研究展望

　　本书已较为全面地从工业大气环境效率测算、空间差异性分析、影响因素分析、工业发展效应等方面对中国工业大气环境效率做了一些有意义和有价值的研究,但因本人能力、时间、精力有限等,研究还存在部分不足以待未来进行完善和改进。

　　第一,本书基于工业大气环境效率概念和内涵,结合当前环境效率测度方法的优点和不足,科学地提出了虚拟前沿面的非期望产出 SBM 模型,并在此基础上构建了工业大气环境效率评价指标体系,形成了全要素工业大气环境效率分析框架,弥补了当前评价模型和指标体系的不足,解决了大气环境效率值的排序问题与非期望产出存在的环境效率评价问题,较为科学、全面、准确地评估工业大气环境效率。然而,实际生产过程由多个周期组成,应该考虑第一个评价周期与第二个评价周期中间存在的结转活动所带来的影响,而结转活动过程会对效率值产生较大的影响。因此,未来会考虑使用动态因子的效率测算模型。

第二,本书在研究工业大气环境效率上不仅基于地理学第一定律"任何事物都是相关的,并不是相互独立,人类活动对地区的影响会随着距离的加大而减小"理论,通过空间探索性工具探究工业大气环境效率的空间关联模式,还基于经济地理权重,采用空间面板 Tobit 模型将空间效应纳入工业大气环境效率影响因素的研究中。但如何实现将风速、风向等自然要素纳入空间计量模型的空间关系权重中,反映更加"真实"的空间效应,成为当前比较艰难的挑战。

参考文献

[1]Farrell M J.The measurement of productive efficiency[J].Journal of the Royal Statistical Society,1957,120(3):253-290.

[2]Yang G,Wang Y,Zeng Y,et al.Rapid health transition in China, 1990—2010:findings from the global burden of disease study 2010[J]. Lancet,2013,381(9882):1987.

[3]Chen Z,Wang J N,Ma G X,et al.China tackles the health effects of air pollution[J].The Lancet,2013,382(9909):1959-1960.

[4]UNE Programme.Towards a pollution-free planet:report of the executive director[EB/OL].https://www.unenvironment.org /annualreport / 2017 /index.php.2017/2018-8-1.

[5]中国崛起需跨"环保门".环保群体事件代价沉重[EB/OL].http://news.sohu.com/20090828/n266295203.shtml.

[6]岳富荣,卫庶,张志锋.环境就是民生,蓝天也是幸福[N].人民日报, 2015-03-09(13).

[7]习近平.坚决打好污染防治攻坚战,推动生态文明建设迈上新台阶 [N].人民日报,2018-05-20(01).

[8]周五七,聂鸣.中国工业碳排放效率的区域差异研究——基于非参数前沿的实证分析[J].数量经济技术经济研究,2012,29(09):58-70.

[9]Stephan Schmidheiny with the Business Council for Sustainable Development.Changing Course:A Gobal Business Perspective on Development and the Environment[R].Cambridge,Mass:MIT Press:1992.

[10]中共中央关于制定国民经济和社会发展第十三个五年规划的建议[N].人民日报,2015-11-04(1).

[11]Bovenberg A L,Smulders S.Environmental quality and pollution-augmenting technological change in a two-sector endogenous growth model[J].Journal of Public Economics,1995,57:369-391.

[12]OECD.Towards Green Growth[R].Paris:OECD,2009.

[13]UNEP.Towards a Green Economy:Pathways to Sustainable a Development and Poverty Eeadication[R].2011.

[14]United Nations Economic and Social Commission for Asia and the Pacific.What Is Green Growth[EB/OL].http://www.greengrowth.org/index.asp.

[15]Word Bank.Inclusive Green Growth:The pathway to Sustainable Development[R].Washington,D.C:Word Bank:2011.

[16]Lit Ping Low.Green Growth:Implications for Development Planning[R].United Kingdom:Climate and Development Knowledge Network(CDKN),2011.

[17]王兵,吴延瑞,颜鹏飞.中国区域环境效率与环境全要素生产率增长[J].经济研究,2010,45(05):95-109.

[18]钟茂初.推动绿色发展关键在于提高生态效率[N].中国环境报,2016-06-05.

[19]Marshall.Principles of Economics[M].London:Macmillan,1920.

[20]Pigou A C.The Economics of Welfare[M].London:Macmillan,1924.

[21]赵晓兵.污染外部性的内部化问题[J].南开经济研究,1999(04):14-18.

[22]坚持节约资源和保护环境基本国策,努力走向社会主义生态文明新时代[N].人民日报,2013-05-25(1).

[23]Olson M.The Logic of Collective Action[M].Cambridge:Harvard-University,1965.

[24]Stern N.The Economics of Climate Change:The Stern Review[M].

Cambridge:Cambridge University Press,2007.

[25]Edmonds J,Reilly J.A long-term global energy-economic model of carbon dioxide release from fossil fuel use[J].Energy Economics,1983,5(2): 74-88.

[26]Kamiuto K.A simple global carbon-cycle model[J].Energy,1994,19 (8):825-829.

[27]Snakin J P A.An engineering model for heating energy and emission assessment The case of North Karelia,Finland[J].Applied Energy,2000,97 (4):353-381.

[28]Färe R,Grosskopf S,Tyteca D.An activity analysis model of the environmental performance of firms-application to fossil-fuel-fired electric utilities[J].Ecological Economics,1996,18:161-175.

[29]Chung Y H,Färe R,Grosskopf S.Productivity and undesirable outputs:a directional distance function approch[J].Journal of Environmental Management,1997,51(3):229-240.

[30]Reinhard S,Thijssen G.Econometric estimation of technical and environmental efficiency:an application to dutch dairy farms[J].American Journal of Agricultural Economics,1999,81(1):44-60.

[31]Finnveden G,Ekvall T.Life-cycle assessment as a decision-support tool—the case of recycling versus incineration of paper[J].Resources Conservation & Recycling,1998,24(3-4):235-256.

[32]Ayalon O,Avnimelech Y,Shechter M.Application of a comparative multidimensional life cycle analysis in solid waste management policy:the case of soft drink containers[J].Environmental Science & Policy,2000,3: 135-144.

[33]Zaim O,Taskin F.Environmental efficiency in carbon dioxide emissions in the OECD:a non-parametric approach[J].Journal of Enviornmental Managemen,2000,28(2):95-107.

[34]Mimouni M,Zekri S,Flichman G.Modelling the trade-offs between

farm income and the reduction of erosion and nitrate pollution[J].Annals of Operations Research,2000,94(1-4):91-103.

[35]Reinhard S, Lovell C A K, Thijssen G. Environmental efficiency with multiple environmentally detrimental variables: estimated with SFA and DEA[J]. European Journal of Operational Research, 2000, 121 (2): 287-303.

[36]Bevilacqua M,Braglia M.Enviornmental efficiency analysis for ENI oil refineries[J].Journal of Cleaner production,2002,10(1):85-92.

[37]Montanari R.Enviornmental efficiency analysis for enel thermo-power plants[J].Journal of Cleaner production,2004,12:403-414.

[38]Huang C C,Ma H W.A multidimensional enviornmental evaluation of packaging[J].Science of the Total Environment,2004,324:161-172.

[39]Karen F V,Jefferson G H,Liu H,et al.What is driving China's decline in energy intensity? [J].Resource and Energy Economics,2004,26(1):77-97.

[40]Vencheh A H,Matin R K,Kajani M T.Undesirable factors in efficiency measurement[J].Applied Mathematics and Computation,2005,163:547-552.

[41]Zhang Y.Structural decomposition analysis of sources of decarbonizing economic development in China: 1992-2006[J].Ecological Economics,2009,58(8-9):2399-2405.

[42]Picazo-Tadeo A J,Reig-Martinez E,Gomez-Limon J A.Assessing farming eco-efficiency:a data envelopment analysis approach[J].Journal of Environmental Management,2011,92:1154-1164.

[43]沈满洪,许云华.一种新型的环境库兹涅茨曲线——浙江省工业化进程中经济增长与环境变迁的关系研究[J].浙江社会科学,2000(04):53.

[44]王波,张群,王飞.考虑环境因素的企业 DEA 有效性分析[J].控制与决策,2002(01):24-28.

[45]孙广生,冯宗宪,曾凡银.DEA 在评价工业生产环境效率上的应用

[J].安徽师范大学学报(自然科学版),2003(02):112-116.

[46]陈诗一.能源消耗、二氧化碳排放与中国工业的可持续发展[J].经济研究,2009,44(04):41-55.

[47]汪克亮,杨宝臣,杨力.基于 DEA 和方向性距离函数的中国省际能源效率测度[J].管理学报,2011,8(03):456-463.

[48]屈小娥.考虑环境约束的中国省际全要素生产率再估算[J].产业经济研究,2012(1):35-43,77.

[49]王喜平,姜晔.碳排放约束下我国工业行业全要素能源效率及其影响因素研究[J].软科学,2012,26(02):73-78.

[50]朱彬彬,王敏,韩红梅.煤炭利用路线能源效率的全生命周期法评价[J].化学工业,2013,31(06):24-28.

[51]张少华,蒋伟杰.加工贸易提高了环境全要素生产率吗——基于 Luenberger 生产率指数的研究[J].南方经济,2014(11):1-24.

[52]石风光.中国省区工业绿色全要素生产率影响因素分析——基于 SBM 方向性距离函数的实证分析[J].工业技术经济,2015,34(06):137-144.

[53]Shephard R W.Theory of Cost and Production Functions[M].Princeton University Press,1970.

[54]Aigner D,Lovell C A K,Schmidt P.Formulation and estimation of stochastic frontier production function models[J].Journal of Econometrics,1977(6):21-37.

[55]Kirkpatrick N.Selecting a waste management option using a life cycle analysis approach [J]. Packaging Technology and Science,1993,6:159-172.

[56]Hjalmarsson L,Kumbhakar S C,Heshmati A.DEA,DFA and SFA:A comparison[J].The Journal of Productivity Analysis,1996,7(2):303-327.

[57]Reinhard S,Lovell C A K.Thijssen G.Environmental efficiency with multiple environmentally detrimental variables: estimated with SFA and DEA[J].European Journal of Operational Research,2000,121(2):287-303.

[58]Chang Y T.Environmental efficiency of ports:a data envelopment

analysis approach[J]. Mari-time Policy & Management，2013，5（40）：447-467.

[59]马晓明,张灿,熊思琴,等.中国区域工业环境效率及其影响因素:基于 Super-SBM 的实证分析[J].生态经济,2018,34(11):96-102.

[60]安海彦.西部地区环境全要素生产率测算及其影响因素分析[J].科技与经济,2018,31(02):100-105.

[61]Watanabe M，Tanaka K.Efficiency analysis of Chinese industry：A directional distance function approach[J]. Energy Policy，2007，35（12）：6323-6331.

[62]朱佩枫,张浩,张慧明.考虑非期望产出的皖江城市带承接长三角产业转移效率研究[J].中国软科学,2014(07):105-114.

[63]Wang Q，Zhao Z，Shen N，et al. Have Chinese cities achieved the win-win between environmental protection and economic development? From the perspective of environmental efficiency[J]. Ecological Indicators，2015(51):151-158.

[64]汪克亮,刘蕾,孟祥瑞,等.中国省域大气环境效率的测算[J].统计与决策,2017(20):97-101.

[65]金玲,杨金田.基于 DEA 方法的中国大气环境效率评价研究[J].环境与可持续发展,2014,39(02):19-23.

[66]刘承智,杨籽昂,潘爱玲.排污权交易提升经济绩效了吗？——基于2003—2012 年中国省际环境全要素生产率的比较[J].财经问题研究,2016(06):47-52.

[67]汪克亮,王丹丹,孟祥瑞.技术的异质性、技术差距与中国区域大气环境效率[J].华东经济管理,2017,31(05):48-55.

[68]吴旭晓.节能减排压力下能源环境效率区域差异及其影响机制研究[J].生态经济,2018,34(01):49-56.

[69]Lindmark M，Vikström P.Global convergence in productivity-A distance function approach to technological progress and efficiency improvements：Paper for the Conference Catching-up Growth and Technology Trans-

fers in Asia and Western Europe,Groningen,2003[C].

[70]郭文,孙涛.中国工业行业生态全要素能源效率研究[J].管理学报,2013,10(11):1690-1695.

[71]朴胜任,李健.基于超效率 DEA 模型的中国区域环境效率时空差异研究[J].干旱区资源与环境,2018,32(04):1-6.

[72]王怡,茶洪旺.京津冀的环境效率及其收敛性分析[J].城市问题,2016(04):18-24.

[73]孟庆春,黄伟东,戎晓霞.灰霾环境下能源效率测算与节能减排潜力分析——基于多非期望产出的 NH-DEA 模型[J].中国管理科学,2016,24(08):53-61.

[74]汪克亮,孟祥瑞,杨宝臣,等.中国区域经济增长的大气环境绩效研究[J].数量经济技术经济研究,2016,33(11):59-76.

[75]申晨,李胜兰,代丹丹.中国省际工业环境效率区域差异及动态演进[J].统计与决策,2017(01):121-126.

[76]黄庆华,胡江峰,陈习定.环境规制与绿色全要素生产率:两难还是双赢?[J].中国人口·资源与环境,2018,28(11):140-149.

[77]Tobler W R.A computer movie simulating urban growth in the Detroit region[J].Economic Geography,1970,46(2):234-240.

[78]Krugman P,Venables A J.Globalization and the inequality of nations[J].Quarterly Jouranal of Economics,1995(60):857-880.

[79]Rupasingha A,Goetz S J,Debertin D L,et al.The Environmental Kuznets Curve for US counties:A spatial econometric analysis with extensions[J].Papers in Regional Science,2004(83):407-424.

[80]Maddison D J.Environmental Kuznets Curves:A spatial econometric approach[J].Journal of Environmental Economics and Management,2006,51:218-230.

[81]Poon P H,Casaa I,He C.The impact of energy,transport and trade on air pollution in China[J].Eurasian Geography and Economics,2006,47:1-17.

[82]刁贝娣,曾克峰,苏攀达,等.中国工业氮氧化物排放的时空分布特征及驱动因素分析[J].资源科学,2016,38(09):1768-1779.

[83]李光勤,秦佳虹,何仁伟.中国大气 PM_(2.5)污染演变及其影响因素[J].经济地理,2018,38(08):11-18.

[84]任小静,屈小娥,张蕾蕾.环境规制对环境污染空间演变的影响[J].北京理工大学学报(社会科学版),2018,20(01):1-8.

[85]Hossein M,Rahbar F.Spatial Environmental Kuznets Curve for Asian countries:Study of CO2 and PM2.5[J].Journal of Environmental Studies,2011,47:1-17.

[86]张金亭,赵玉丹,田扬戈,等.大气污染物排放量与颗粒物环境空气质量的空间非协同耦合研究——以武汉市为例[J].地理科学进展,2019,38(04):612-624.

[87]肖悦,田永中,许文轩,等.中国城市大气污染特征及社会经济影响分析[J].生态环境学报,2018,27(03):518-526.

[88]任继勤,殷悦,祁士伟,等.基于河北省工业能源消费的河北省和北京市大气环境关联度研究[J].资源开发与市场,2017,33(10):1214-1219.

[89]刘华军,杨骞.资源环境约束下中国 TFP 增长的空间差异和影响因素[J].管理科学,2014,27(05):133-144.

[90]马大来,陈仲常,王玲.中国省际碳排放效率的空间计量[J].中国人口·资源与环境,2015,25(01):67-77.

[91]李佳佳,罗能生.中国区域环境效率的收敛性、空间溢出及成因分析[J].软科学,2016,30(08):1-5.

[92]汪克亮,杨力,孟祥瑞.中国大气环境绩效的空间差异、动态演进及其驱动机制——基于 2006—2014 年省际面板数据的实证分析[J].山西财经大学学报,2016,38(09):13-24.

[93]李斌,范姿怡.新型城镇化对区域环境效率的影响——基于省际面板数据的空间计量检验[J].商业研究,2016(08):39-44.

[94]黄杰.中国能源环境效率的空间关联网络结构及其影响因素[J].资源科学,2018,40(04):759-772.

[95]王勇,李海英,俞海.中国省域绿色发展的空间格局及其演变特征[J].中国人口·资源与环境,2018,28(10):96-104.

[96]张小波,王建州.中国区域能源效率对霾污染的空间效应——基于空间杜宾模型的实证分析[J].中国环境科学,2019,39(04):1371-1379.

[97]陈绍俭.环境管制对中国工业环境效率影响的空间面板数据分析[J].兰州商学院学报,2014,30(03):109-118.

[98]沈能.工业集聚能改善环境效率吗?——基于中国城市数据的空间非线性检验[J].管理工程学报,2014,28(03):57-63.

[99]张胜利,俞海山.中国工业碳排放效率及其影响因素的空间计量分析[J].科技与经济,2015,28(04):106-110.

[100]马大来,武文丽,董子铭.中国工业碳排放绩效及其影响因素——基于空间面板数据模型的实证研究[J].中国经济问题,2017(01):121-135.

[101]袁荷,仇方道,朱传耿,等.江苏省工业环境效率时空格局及影响因素[J].地理与地理信息科学,2017,33(05):112-118.

[102]蔺雪芹,郭一鸣,王岱.中国工业资源环境效率空间演化特征及影响因素[J].地理科学,2019,39(03):377-386.

[103]Jebaraj S,Iniyan S.A review of energy models[J].Renewable & Sustainable Energy,2006,10:281-311.

[104]Fleisher B M,Li H,Zhao M Q.Human capital,economic growth, and regional inequality in China[J].Journal of Development Econimics,2010, 92(2):215-231.

[105]钱争鸣,刘晓晨.环境管制、产业结构调整与地区经济发展[J].经济学家,2014(07):73-81.

[106]梅国平,甘敬义,朱清贞.资源环境约束下我国全要素生产率研究[J].当代财经,2014(07):13-20.

[107]李小胜,余芝雅,安庆贤.中国省际环境全要素生产率及其影响因素分析[J].中国人口·资源与环境,2014,24(10):17-23.

[108]李小胜,宋马林.环境规制下的全要素生产率及其影响因素研究[J].中央财经大学学报,2015(01):92-98.

[109]于伟,张鹏.我国省域污染排放效率时空差异格局及其影响因素分析[J].地理与地理信息科学,2015,31(06):109-113.

[110]张金灿,仲伟周.基于随机前沿的我国省域碳排放效率和全要素生产率研究[J].软科学,2015,29(06):105-109.

[111]杨文举.中国省份绿色技术效率的趋同测试及影响因素分析:1998—2012年[J].科技管理研究,2015,35(18):225-231.

[112]吴先华,程晗,王桂芝.中国大气环境效率评价及其影响因素——基于Super-SBM模型的研究[J].阅江学刊,2016,8(05):13-25.

[113]何为,刘昌义,郭树龙.天津大气环境效率及影响因素实证分析[J].干旱区资源与环境,2016,30(01):31-35.

[114]汪克亮,孟祥瑞,杨力,等.生产技术异质性与区域绿色全要素生产率增长——基于共同前沿与2000—2012年中国省际面板数据的分析[J].北京理工大学学报(社会科学版),2015,17(01):23-31.

[115]吴敏洁,程中华,徐常萍.R&D、FDI和出口对制造业环境全要素生产率影响的实证分析[J].统计与决策,2018,34(14):132-136.

[116]苏伟洲,李航,钱昱冰,等."一带一路"沿线省份工业环境效率评价及影响因素研究[J].科技进步与对策,2018,35(19):155-160.

[117]周利梅,李军军.基于SBM-Tobit模型的区域环境效率及影响因素研究——以福建省为例[J].福建师范大学学报(哲学社会科学版),2018(01):57-64.

[118]车国庆.中国地区生态效率研究—测算方法、时空演变及影响因素[D].吉林大学,2018.

[119]温湖炜,周凤秀.环境规制与中国省域绿色全要素生产率——兼论对《环境保护税法》实施的启示[J].干旱区资源与环境,2019,33(02):9-15.

[120]Heckman J.Shadow price,market wages,and labor supply[J].Econometrica,1974,4:679-694.

[121]Zvi Griliches.Issues in assessing the contribution of research and development to productivity growth[J].The Bell Journal of Economics,1979,10(1):92-116.

[122]Graig C E,Harris R C.Total productivity at the firm level[J].Sloan Management Review,1973,14(3):12-28.

[123]Tinbergen J.Zur theorie der langfristigen wirtschaftsentwicklung[J].Weltwirtschaftliches Archiv,1942:511-549.

[124]Solow R M.Technical change and the aggregate production function[J].The Review of Economics and Statistics,1957:312-320.

[125]Kendrick J W.Front Matter,Productivity Trends in the United States[M].Productivity Trends in the United States:Princeton University Press,1961.

[126]Kendrick J W.Productivity trends[J].Business Economics,1973:56-61.

[127]Fare R,Grosskpopf S,Shawna,et al.Productivity growth,technical progress,and efficiency change in industrialsed countries[J].American Economic Review,1994,84(1):66-83.

[128]Kumbhakar S C,Lovell C A K.Stochastic Frontier Analysis[M].Cambridge:Cambridge University Press,2000.

[129]Acemoglu D,Antràs P,Helpman E.Contracts and technology adoption[J].The American Economic Review,2007,97(3):916-943.

[130]Alfaro L,Chanda A,Kalemli-Ozcan S,et al. How does foreign direct investment promote economic growth? Exploring the effects of financial markets on linkages[R].National Bureau of Economic Research,2006.

[131]Caselli F,Coleman W J.The world technology frontier[J].The American Economic Review,2006,96(3):499-522.

[132]Holmes T J,Jr J A S.A gain from trade:From unproductive to productive entrepreneurship[J].Journal of Monetary Economics,2001,47(2):417-446.

[133]Burnside C,Eichenbaum M,Rebelo S.Capital utilization and returns to scale[J].NBER Macroeconomics Annual,1995,10(1):67-110.

[134]King RGT,Rebelo S.Resuscitating real business cycles[J].Hand-

book of macroeconomics,1999,1(3):927-1007.

[135]Mahadevan R.To measure or not to measure total factor productivity growth? [J].Oxford Development Studies,2003,31(3):365-378.

[136]张军,陈诗一.结构改革与中国工业增长[J].中国经济学,2009(00):205-240.

[137]郭庆旺,贾俊雪.中国全要素生产率的估算:1979—2004[J].经济研究,2005(06):51-60.

[138]Freeman A M,Haveman R,Kneese A.The Economic of Enviromental Policy John Wiley & Sons[M].Inc New York:1973.

[139]Schultze W,Trommer R.The concept of environmental performance and its measurement inempirical studies[J].Journal of Management Control,2012(22):375-412.

[140]Mc Intyre R J,Thornton J R.Environmental divergence:air pollution in the USSR[J].Journal of Environmental Economics and Management,1974,1(2):109-120.

[141]Schaltegger S,Sturm A.Ökologische Rationalität:Ansatzpunkte zur Ausgestaltung von ökologieorientierten managementinstrumenten[J].Die Unternehmung,1990:273-290.

[142]WBCSD.Measuring Eco-efficiency:A Guide to Reporting Company Performance[M].Geneva:World Business Council for Sustainable Development,2000.

[143]白世秀.黑龙江省区域生态效率评价研究[D].东北林业大学,2011.

[144]Lehni M.State-of-Play-Report,World business council for sustainable development [R].WBSCD Project on Eco-efficiency Metrics & Reporting,1998.

[145]Müller K,Sturm A.Standardized eco-efficiency indicators[R].Aoyama Audit Corporation:2001.

[146]Kuosmanen T,Kortelainen M.Measuring eco-efficiency of production with data envelopment analysis[J].Journal of Industrial Ecology,2005,9

（4）:59-72.

[147]Kortelainen M.Dynamic enviornmental performance analysis:A malmquist index approach[J].Eological Economics,2008,64(4):701-715.

[148]李丽平,田春秀,国冬梅.生态效率——OECD 全新环境管理经验[J].环境科学动态,2000(01):33-36.

[149]戴玉才,小柳秀明.环境效率—发展循环经济路径之一[J].环境科学动态,2005(01):20-22.

[150]吕彬,杨建新.生态效率方法研究进展与应用[J].生态学报,2006(11):3898-3906.

[151]王大鹏,朱迎春.中国七大流域水环境效率动态评价[J].中国人口·资源与环境,2011,21(09):20-25.

[152]张子龙,薛冰,陈兴鹏,等.中国工业环境效率及其空间差异的收敛性[J].中国人口·资源与环境,2015,25(02):30-38.

[153]Huppes G,Ishikawa M.A framework for quantified Eco-efficiency analysis[J].Journal of Industrial Ecology,2005,9(4):25-41.

[154]牛秀敏.全要素视角下的中国碳排放效率区域差异性及收敛性研究[D].西南财经大学,2016.

[155]Charnes A,Cppoer W W,Rhodes E.Measuring the efficiency of decision making units[J].European Journal of Operational Research,1978(2):429-444.

[156]Banker R D,Charnes A,Cppoer W W.Some models for estimating technical and scale inefficiencies in data envelopment analysis [J].Management Science,1984,30:1078-1092.

[157]Tone K.A slack-based measure of efficiency in data envelopment analysis[J].European Journal of Operational Research,2001,130:298-509.

[158]Tone K.Dealing with undesirable outputs in DEA:A slacks based measure(SBM)approach[R].Tokyo:GRIPS Policy Information Center,2004.

[159]Song M L,Song Y Q,An Q X,et al.Review of environmental efficiency and its influencing factors in China:1998-2009[J].Renewable and Sus-

tainable Energy Reviews,2013,20(4):8-14.

[160]Li X G,Yang J,Liu X J.Analysis of Beijing's environmental efficiency and related factors using a DEA model that considers undesirable outputs[J].Mathematical and Computer Modelling,2013,58(5/6):956-960.

[161]潘丹,应瑞瑶.中国农业生态效率评价方法与实证——基于非期望产出的 SBM 模型分析[J].生态学报,2013,33(12):3837-3845.

[162]郭炳南,林基.基于非期望产出 SBM 模型的长三角地区碳排放效率评价研究[J].工业技术经济,2017,36(01):108-115.

[163]武佳倩,侯胜杰,关忠诚.中国省际能源环境效率评价及碳减排责任分摊[J].系统科学与数学,2018,38(04):406-422.

[164]Andersen P.Petersen N C.A peocedure for ranking efficient nuits in data envelopment analysis [J]. Management Science,1993,39 (10):1261-1264.

[165]李美娟,陈国宏.数据包络分析法(DEA)的研究与应用[J].中国工程科学,2003(06):88-94.

[166]Fare R,Grosskopf S.New Directions:Efficiency and Productivity [M].Boston/London/Dordreht:Kluwer Academic Publishers,2014.

[167]卞亦文,许皓.基于虚拟包络面和 TOPSIS 的 DEA 排序方法[J].系统工程理论与实践,2013,33(02):482-488.

[168]Cui Q,Li Y.The evaluation of transportation energy efficiency:An application of three-stage virtual frontier DEA[J].Transportation Research Part D,2014,29:1-11.

[169]丘维声.解析几何(第 2 版)[M].北京:北京大学出版社,2013.

[170]杨晓峰.基于化射变换模型的图像目标定位跟踪方法[D].华中科技大学,2005.

[171]曹洪军等.环境经济学[M].经济科学出版社,2012.

[172]彭国华.中国地区收入差距、全要素生产率及其收敛分析[J].经济研究,2005(09):19-29.

[173]徐现祥,舒元.中国省区经济增长分布的演进(1978—1998)[J].经

济学(季刊),2004(02):619-638.

[174]单豪杰.中国资本存量 K 的再估算:1952—2006 年[J].数量经济技术经济研究,2008,25(10):17-31.

[175]刘华军,杜广杰.中国城市大气污染的空间格局与分布动态演进——基于 161 个城市 AQI 及 6 种分项污染物的实证[J].经济地理,2016,36(10):33-38.

[176]张金亭,赵玉丹,田扬戈,等.大气污染物排放量与颗粒物环境空气质量的空间非协同耦合研究——以武汉市为例[J].地理科学进展,2019,38(04):612-624.

[177]石秀梅,代侦勇.黄石市冬季大气污染物空间特征与气候环境分析[J].测绘地理信息,2019,44(02):20-24.

[178] Haining R. Spatial models and regional science:a comment on Anselin's paper and research directions[J]. Journal of Regional Science, 1986,26:793-798.

[179]Anselin L. Spatial dependence and spatial structural instability in applied regression ananlysis[J]. Journal of Regional Science, 1990(30):185-207.

[180]符淼.省域专利面板数据的空间计量分析[J].研究与发展管理,2008(03):106-112.

[181]吴玉鸣,李建霞.中国省域能源消费的空间计量经济分析[J].中国人口·资源与环境,2008(03):93-98.

[182]胡晓琳.中国省际环境全要素生产率测算、收敛及其影响因素研究[D].江西财经大学,2016.

[183]赵良仕,孙才志,郑德凤.中国省际水资源利用效率与空间溢出效应测度[J].地理学报,2014,69(01):121-133.

[184]林光平,龙志和,吴梅.中国地区经济 σ-收敛的空间计量实证分析[J].数量经济技术经济研究,2006(04):14-21.

[185]王火根,沈利生.中国经济增长与能源消费空间面板分析[J].数量经济技术经济研究,2007(12):98-107.

[186]Anselin L,Florx R.New Directions in Spatial Econometrics[M]. Berlin:Published by Springer Press,1995.

[187]Rey S J.Spatial empirics for economic growth and convergence[J]. Geographical Analysis,2001,33(3):195-214.

[188]钟茂初,闫文娟,赵志勇,等.可持续发展的公平经济学[M].北京: 经济学出版社,2013.

[189]Grossman G M,Krueger A B. Environmental impacts of North A- merican free trade agreement[J].Nber Working Paper,1991:3914.

[190]Shafik N,Bandyopadhyay S.Economic growth and Environmental Quality:Time-Series and Cross-Country Evidence,No.904(Washington,D. C.),1992[C].

[191]黄茂兴,林寿富.污染损害、环境管理与经济可持续增长——基于五 部门内生经济增长模型的分析[J].经济研究,2013,48(12):30-41.

[192]臧正,邹欣庆.中国大陆省际生态-经济效率的时空格局及其驱动 因素[J].生态学报,2016,36(11):3300-3311.

[193]吴义根,冯开文,曾珍,等.外商直接投资、区域生态效率的动态演进 和空间溢出——以安徽省为例[J].华东经济管理,2017,31(06):16-24.

[194]崔凤军,杨永慎.产业结构对城市生态环境的影响评价[J].中国环 境科学,1998(02):71-74.

[195]任建兰,张淑敏,周鹏.山东省产业结构生态评价与循环经济模式构 建思路[J].地理科学,2004(06):648-653.

[196]Samuels G.Potential production of energy cane for fuel in the Car- ibbean[J].Energy Progress,1984,4:249-251.

[197]张雷,李艳梅,黄园淅,等.中国结构节能减排的潜力分析 1[J].中国 软科学,2011(02):42-51.

[198]余泳泽,杜晓芬.经济发展、政府激励约束与节能减排效率的门槛效 应研究[J].中国人口・资源与环境,2013,23(07):93-99.

[199]Vaclav S.China's Energy[R].Washington,D.C:Office ot Technol- ogy Assessment,1990.

[200]赵丽霞,魏巍贤.能源与经济增长模型研究[J].预测,1998(06):33-35.

[201]Fisher-Vanden K,Jefferson G H,Jingkui M,et al.Technology development and energy productivity in China[J].Energy Economics,2006,28:690-705.

[202]Wei C,Shen M H.Impact factors of energy productivity in China:An empirical analysis[J].Chinese Journal of Population,Resources and Environment,2007,5(2):28-33.

[203]Zhang Z X.Why has the energy intensity fallen in China's industrial sector in the 1990s? The relative importance of structure change and intensity change[J].Energy Economics,2003,25:625-638.

[204]Jänicke M,Mönch H,Ranneberg T,et al.Structural change and environmental impact:empirical evidence on thirty-one countries in East and West[J].Environmental Monitoring and Assessment,1989,12(2):99-114.

[205]钟茂初,闫文娟,赵志勇,等.可持续发展的公平经济学[M].北京:经济学出版社,2013.

[206]赵卉卉,王远,王义琛,等.南京市公众环境意识总体评价与影响因素分析[J].长江流域资源与环境,2012,21(04):406-411.

[207]张军.中国 30 年经济转型的经验与思考[J].新远见,2009(12):68-74.

[208]赵玉林,谷军健.中美制造业发展质量的测度与比较研究[J].数量经济技术经济研究,2018,35(12):116-133.

[209]罗伯特·戈登.美国增长的起落[M].中信出版社,2018.

[210]Cleff T,Rennings K.Determinants of environmental product and process innovation[J].Environmental Policy and Governance,1999,9(5):191-201.

[211]Jaffe A B,Newell R G,Stavins R N.A tale of two market failures:Technology and environmental policy[J].Ecological Economics,2005,54(2):117-164.

[212]张中元,赵国庆.环境规制对 FDI 溢出效应的影响——来自中国市场的证据[J].经济理论与经济管理,2012(02):28-36.

[213]王晓玲,方杏村.东北老工业基地生态效率测度及影响因素研究——基于 DEA-Malm quist-Tobit 模型分析[J].生态经济,2017,33(05):95-99.

[214]Frondel M,Horbach J,Rennings K.End-of-pipe or cleaner production? An empirical comparison of environmental innovation decisions across OECD countries[R].Centre for European Economic Research Discussion Paper,2004.

[215]Wang Y,Shen N.Environmental regulation and environmental productivity:The case of China[J].Renewable and Sustainable Energy Reviews,2016,62(9):758-766.

[216]Jorgenson D J,Wileoxen P J.Environmental regulation and U.S economic growth[J].The Rand Journal of Economics,1990,21(2):314-340.

[217]Zhou Y,Xing X,Fang K.Environmental efficiency analysis of power industry in China based on an entropy SBM model[J].Energy Policy,2013,57(10):68-75.

[218]杨亦民,王梓龙.湖南工业生态效率评价及影响因素实证分析——基于 DEA 方法[J].经济地理,2017,37(10):151-156.

[219]戴志敏,曾宇航,郭露.华东地区工业生态效率面板数据研究——基于整合超效率 DEA 模型分析[J].软科学,2016,30(07):35-39.

[220]Denison W,Franklin J.Ecological characteristics of old-growth Douglas-fir forests[J].Pacific Northwest Research Station,1981,48.

[221]Barbera A J,Mc Connell V D.The impact of environmental regulations on industry productivity:direct and indirect effects[J].Journal of Environmental Economics and Management,1990,18(1):50-65.

[222]张虎平,关山,王海东.中国区域生态效率的差异及影响因素[J].经济经纬,2017,34(06):1-6.

[223]Alpay E,Kerkvliet J,Buccola S.Productivity growth and environ-

mental regulation in Mexican and US food manufacturing[J].American Journal of Agricultural Economics,2002,84(4):887-901.

[224]Lee M.Enviornmental regulations and market power:The case of the korean manufacturing industries[J].Ecological Economics,2008,68(1):205-209.

[225]Kneller R,Manderson E.Environmental regulations and innovation activity in UK manufacturing industries[J].Resource and Energy Economics,2012,34(2):211-235.

[226]沈能,刘凤朝.高强度的环境规制真能促进技术创新吗?——基于"波特假说"的再检验[J].中国软科学,2012(04):49-59.

[227]李胜兰,初善冰,申晨.地方政府竞争、环境规制与区域生态效率[J].世界经济,2014,37(04):88-110.

[228]Wooldridge J M.Introductory Econometrics[M].South-Western:Mason,OH,1998.

[229]李小胜,安庆贤.环境管制成本与环境全要素生产率研究[J].世界经济,2012,35(12):23-40.

[230]郭文.基于环境规制、空间经济学视角的中国区域环境效率研究[D].南京航空航天大学,2016.

[231]安海彦.节能减排约束下西部地区环境效率研究[J].区域经济评论,2018(05):89-96.

[232]朴胜任.中国省际环境效率的空间差异、收敛性及影响机理研究[D].天津理工大学,2018.

[233]韩国高.环境规制、技术创新与产能利用率——兼论"环保硬约束"如何有效治理产能过剩[J].当代经济科学,2018,40(01):84-93.

[234]杨振兵,张诚.中国工业部门工资扭曲的影响因素研究——基于环境规制的视角[J].财经研究,2015,41(09):133-144.

[235]原毅军,谢荣辉.环境规制的产业结构调整效应研究——基于中国省际面板数据的实证检验[J].中国工业经济,2014(08):57-69.

[236]罗能生,王玉泽.财政分权、环境规制与区域生态效率——基于动态

空间杜宾模型的实证研究[J].中国人口·资源与环境,2017,27(04):110-118.

[237]Morgenstern R D,Pizer W A,Shih J S.Jobs versus the environment:An industry-level perspective[J].Journal of Environmental Economics & Management,2002,43(3):412-436.

[238]王奇,夏溶矫.基于对数平均迪氏分解法的中国大气污染治理投资效果的影响因素探讨[J].环境污染与防治,2012,34(04):84-87.

[239]吴振信,闫洪举.产业结构变迁对环渤海经济圈大气污染物排放的影响[J].商业研究,2015(06):30-35.

[240]Anselin L,Gallo J L,Jayet H.Spatial Panel Econometrics[M].Springer Berlin Heidelberg,2008.

[241]吴敬琏.用大规模投资拉动增长不可再行[J].中国产业经济动态,2015(21):4-7.

[242]陈诗一,严法善,吴若沉.资本深化、生产率提高与中国二氧化碳排放变化——产业、区域、能源三维结构调整视角的因素分解分析[J].财贸经济,2010(12):111-119.

[243]康玉泉,杜跃平.工业碳排放绩效水平、变动及其影响因素——基于中国省级面板数据的分析[J].人文杂志,2015(08):41-49.

[244]魏楚,沈满洪.结构调整能否改善能源效率:基于中国省级数据的研究[J].世界经济,2008(11):77-85.

[245]张英浩,陈江龙,程钰.环境规制对中国区域绿色经济效率的影响机理研究——基于超效率模型和空间面板计量模型实证分析[J].长江流域资源与环境,2018,27(11):2407-2418.

[246]郎友兴,葛维萍.影响环境治理的地方性因素调查[J].中国人口·资源与环境,2009,19(03):107-112.

[247]袁洪飞.我国区际产业转移粘性影响因素分析[J].当代经济,2014(01):140-143.

[248]伍格致,游达明.环境规制对技术创新与绿色全要素生产率的影响机制:基于财政分权的调节作用[J].管理工程学报,2019,33(01):37-50.

[249]牛盼强,谢富纪,曹洪军.基于要素流动成本的区域经济发展环境与

经济发展关系[J].经济地理,2009,29(02):204-208.

[250]Perroux F.Economic Space:Theory and Applications[J].Quarterly Journal of Economics,1950(3):89-104.

[251]侯方玉.古典经济学关于要素流动理论的分析及启示[J].河北经贸大学学报,2008(02):9-13.

[252]杨晓军.城市公共服务质量对人口流动的影响[J].中国人口科学,2017(02):104-114.

[253]Sven W A,Henryk K.Fragmentation:New Production Patterns in the world Economy[M].Oxford:Oxford University Press,2001.

[254]张玉媚.环境标准对国际资本流动影响的模型分析[J].商业研究,2005(22):180-181.

[255]牛海霞,胡佳雨.FDI与我国二氧化碳排放相关性实证研究[J].国际贸易问题,2011(05):100-109.

[256]张政,孙博文.湖北汉江生态经济带绿色增长效率的影响机制与实证研究——基于经济—社会—环境—创新子系统的视角[J].生态经济,2018,34(09):67-74.

[257]宋德勇,易艳春.外商直接投资与中国碳排放[J].中国人口·资源与环境,2011,21(01):49-52.

[258]任力,朱东波.中国金融发展是绿色的吗——兼论中国环境库兹涅茨曲线假说[J].经济学动态,2017(11):58-73.

[259]白俊红,路嘉煜,路帅.资本市场扭曲对环境污染的影响研究——基于省级空间动态面板数据的分析[J].南京审计大学学报,2019,16(01):37-47.

[260]窦鹏鹏.投资水平对环境污染程度的影响研究——基于资本投资和房地产投资的比较[J].生态经济,2019,35(08):158-162.

[261]Zivin J S,Neidell M J.The impact of pollution on worker Productivity[J].American Economic Review,2012(7):3652-3673.

[262]杨志明.中国特色农民工发展研究[J].中国农村经济,2017(10):38-48.

[263]蔡昉,王德文,曲玥.中国产业升级的大国雁阵模型分析[J].经济研

究,2009,44(09):4-14.

[264]杨志明.中国特色农民工发展研究[J].中国农村经济,2017(10):38-48.

[265]Hunter L M,White M J,Little J S,et al.Enviornmental hazards,migration,and race[J].Population & Environment,2003,25(1):23-39.

[266]Holdaway J.Environment,health and migration:Towards a more integrated analysis[J].2014.

[267]Hanna R,Oliva P.The Effect of Pollution on Labor Supply:Evidence from a Natural Experiment in Mexico City[R].Nber Working Paper,2011.

[268]Hosoe M,Naito T.Trans-boundary pollution transmission and regional agglomeration effects[J].Papers in Regional Science,2006,85(1):99-120.

[269]夏怡然,苏锦红,黄伟.流动人口向哪里集聚?——流入地城市特征及其变动趋势[J].人口与经济,2015(03):13-22.

[270]秦炳涛,张玉.雾霾、工资与劳动力流动[J].西北人口,2019,40(05):12-22.

[271]许和连,钱愈嘉,邓玉萍.环境污染与劳动力迁移——基于CGSS调查数据的经验研究[J].湖南大学学报(社会科学版),2019,33(02):68-76.

[272]罗勇根,杨金玉,陈世强.空气污染、人力资本流动与创新活力——基于个体专利发明的经验证据[J].中国工业经济,2019(10):99-117.

[273]Fujita M,Hu D.Regionaldisparity in China 1985～1994:The effects of globalization and wconomic liberalization[J].The Annals of Regional Science,2001,35(1):3-37.

[274]Lu J,Tao Z.Trends and determinants of China's industrial agglomeration[J].Journal of Urban Economics,2009,65(2):167-180.

[275]Letchumanan R,Kodama F.Reconciling the reflect between the 'pollution-haven' hypothesis and an emerging trajectory of international technology transferr[J].Research Policy,2000,29(1):59-79.

[276]傅为忠,边之灵.区域承接产业转移工业绿色发展水平评价及政策效应研究——基于改进的 CRITIC-TOPSIS 和 PSM-DID 模型[J].工业技术经济,2018,37(12):106-114.

[277]翟柱玉,张军峰,方虹.污染产业转移对于中国西部地区工业全要素生产率的影响研究[J].生态经济,2018,34(05):106-110.

[278]Letchumanan R,Kodama F.Reconciling the reflect between the 'pollution-haven' hypothesis and an emerging trajectory of international technology transferr[J].Research Policy,2000,29(1):59-79.

[279]吕小明,黄森."美丽中国"背景下中国区域产业转移对工业绿色效率的影响研究——基于 SBM-undesirable 模型和空间计量模型[J].重庆大学学报(社会科学版),2018,24(04):1-11.

[280]胡志强,苗长虹.中国污染产业转移的时空格局及其与污染转移的关系[J].软科学,2018,32(07):39-43.

[281]豆建民,沈艳兵.产业转移对中国中部地区的环境影响研究[J].中国人口·资源与环境,2014,24(11):96-102.

[282]李敦瑞.产业转移背景下我国工业污染空间格局的演变[J].经济与管理,2016,30(01):49-53.

[283]刘满凤,黄倩,黄珍珍.区际产业转移中的技术和环境双溢出效应分析——来自中部六省的经验验证[J].华东经济管理,2017,31(03):60-68.

[284]冉启英,徐丽娜.环境规制、省际产业转移与污染溢出效应——基于空间杜宾模型和动态门限面板模型[J].华东经济管理,2019,33(07):5-13.

[285]陈凡,周民良.国家级承接产业转移示范区是否加剧了地区环境污染[J].山西财经大学学报,2019,41(10):42-54.

[286]苏梽芳,渠慎宁,陈昌楠.外部资源价格冲击与中国工业部门通胀的内生关联研究[J].财经研究,2015,41(05):14-27.

[287]叶永刚,周子瑜.基于 GVAR 模型的中国货币政策区域效应研究[J].统计与决策,2015(17):146-150.

[288]崔百胜,葛凌清.中国货币政策对世界主要经济体溢出效应的异质性分析——基于 GVAR 模型的实证研究[J].华东经济管理,2019,33(08):

83-94.

[289]张红,李洋,张洋.中国经济增长对国际能源消费和碳排放的动态影响——基于33个国家GVAR模型的实证研究[J].清华大学学报(哲学社会科学版),2014,29(01):14-25.

[290]王美昌,徐康宁.贸易开放、经济增长与中国二氧化碳排放的动态关系——基于全球向量自回归模型的实证研究[J].中国人口·资源与环境,2015,25(11):52-58.

[291]崔百胜,朱麟.基于内生增长理论与GVAR模型的能源消费控制目标下经济增长与碳减排研究[J].中国管理科学,2016,24(01):11-20.

[292]蒋帝文.我国区域经济发展溢出效应研究——基于产业层面的实证检验[J].商业经济研究,2019(07):135-139.

[293]孙昊,胥莉.相互溢出效应对区域经济协同发展的贡献——基于我国东部沿海地区面板数据的实证分析[J].数理统计与管理,2019:1-14.

[294]孙晓华,郭旭,王昀.产业转移、要素集聚与地区经济发展[J].管理世界,2018,34(05):47-62.

[295]张公嵬,梁琦.产业转移与资源的空间配置效应研究[J].产业经济评论,2010,9(03):1-21.

[296]董敏杰,梁泳梅,张其仔.中国工业产能利用率:行业比较、地区差距及影响因素[J].经济研究,2015,50(01):84-98.

附　录

中国 30 省份经济地理空间权重矩阵

	北京	天津	河北	山西	内蒙古	辽宁	吉林	黑龙江	上海	江苏
北京	0.0000	0.8012	0.0487	0.0131	0.0114	0.0062	0.0057	0.0020	0.0040	0.0055
天津	0.8014	0.0000	0.0350	0.0098	0.0070	0.0065	0.0055	0.0019	0.0044	0.0060
河北	0.2861	0.2052	0.0000	0.1334	0.0301	0.0068	0.0071	0.0027	0.0089	0.0140
山西	0.1506	0.1124	0.2611	0.0000	0.0554	0.0071	0.0081	0.0032	0.0114	0.0181
内蒙古	0.2406	0.1487	0.1088	0.1022	0.0000	0.0131	0.0162	0.0067	0.0125	0.0169
辽宁	0.1347	0.1408	0.0251	0.0134	0.0135	0.0000	0.3619	0.0576	0.0213	0.0208
吉林	0.0863	0.0833	0.0183	0.0107	0.0116	0.2519	0.0000	0.3361	0.0173	0.0163
黑龙江	0.0573	0.0535	0.0131	0.0080	0.0090	0.0753	0.6316	0.0000	0.0127	0.0119
上海	0.0259	0.0280	0.0097	0.0064	0.0038	0.0063	0.0073	0.0029	0.0000	0.1719
江苏	0.0234	0.0255	0.0101	0.0067	0.0034	0.0041	0.0046	0.0018	0.1145	0.0000
浙江	0.0178	0.0188	0.0071	0.0049	0.0028	0.0039	0.0047	0.0019	0.4697	0.1600
安徽	0.0228	0.0239	0.0107	0.0076	0.0037	0.0036	0.0042	0.0017	0.0638	0.5064
福建	0.0293	0.0293	0.0118	0.0089	0.0056	0.0067	0.0088	0.0037	0.1015	0.0764
江西	0.0213	0.0211	0.0098	0.0078	0.0042	0.0038	0.0048	0.0020	0.0444	0.0682
山东	0.2104	0.2862	0.1026	0.0380	0.0152	0.0133	0.0126	0.0046	0.0289	0.0527
河南	0.0858	0.0817	0.0694	0.0696	0.0173	0.0074	0.0085	0.0034	0.0261	0.0560
湖北	0.0278	0.0273	0.0142	0.0120	0.0057	0.0041	0.0051	0.0021	0.0344	0.0746
湖南	0.0265	0.0253	0.0127	0.0112	0.0061	0.0044	0.0057	0.0024	0.0301	0.0451
广东	0.0227	0.0216	0.0097	0.0080	0.0052	0.0046	0.0064	0.0028	0.0290	0.0308
广西	0.0160	0.0149	0.0069	0.0061	0.0041	0.0031	0.0045	0.0020	0.0138	0.0156
海南	0.0191	0.0179	0.0080	0.0067	0.0047	0.0040	0.0058	0.0026	0.0189	0.0196
重庆	0.0294	0.0264	0.0146	0.0148	0.0090	0.0045	0.0061	0.0027	0.0157	0.0216
四川	0.0285	0.0250	0.0138	0.0142	0.0095	0.0044	0.0060	0.0027	0.0128	0.0169
贵州	0.0224	0.0204	0.0103	0.0096	0.0063	0.0039	0.0054	0.0024	0.0152	0.0190
云南	0.0286	0.0257	0.0126	0.0116	0.0084	0.0053	0.0076	0.0035	0.0170	0.0200
陕西	0.0669	0.0573	0.0422	0.0576	0.0249	0.0072	0.0092	0.0040	0.0194	0.0304
甘肃	0.0360	0.0297	0.0180	0.0209	0.0177	0.0047	0.0065	0.0029	0.0091	0.0121
青海	0.0398	0.0329	0.0186	0.0202	0.0188	0.0056	0.0080	0.0037	0.0105	0.0134
宁夏	0.0884	0.0688	0.0468	0.0616	0.0658	0.0093	0.0126	0.0056	0.0147	0.0200
新疆	0.0870	0.0734	0.0323	0.0284	0.0321	0.0181	0.0296	0.0150	0.0259	0.0287

续前表　中国 30 省份经济地理空间权重矩阵

	浙江	安徽	福建	江西	山东	河南	湖北	湖南	广东	广西
北京	0.0026	0.0052	0.0011	0.0016	0.0631	0.0075	0.0023	0.0027	0.0016	0.0006
天津	0.0028	0.0055	0.0011	0.0015	0.0858	0.0071	0.0023	0.0026	0.0015	0.0005
河北	0.0061	0.0144	0.0027	0.0042	0.1805	0.0354	0.0070	0.0076	0.0039	0.0015
山西	0.0082	0.0201	0.0040	0.0066	0.1310	0.0696	0.0115	0.0131	0.0064	0.0025
内蒙古	0.0087	0.0178	0.0046	0.0066	0.0966	0.0319	0.0101	0.0131	0.0077	0.0031
辽宁	0.0125	0.0183	0.0057	0.0061	0.0865	0.0140	0.0075	0.0098	0.0070	0.0025
吉林	0.0104	0.0147	0.0052	0.0053	0.0574	0.0112	0.0065	0.0088	0.0068	0.0024
黑龙江	0.0078	0.0110	0.0042	0.0042	0.0389	0.0084	0.0050	0.0071	0.0056	0.0021
上海	0.4404	0.0940	0.0254	0.0207	0.0556	0.0146	0.0184	0.0197	0.0129	0.0032
江苏	0.0999	0.4973	0.0128	0.0212	0.0674	0.0208	0.0266	0.0196	0.0092	0.0024
浙江	0.0000	0.1110	0.0328	0.0274	0.0379	0.0122	0.0206	0.0213	0.0132	0.0030
安徽	0.0706	0.0000	0.0148	0.0374	0.0614	0.0281	0.0573	0.0311	0.0118	0.0030
福建	0.1227	0.0868	0.0000	0.1023	0.0494	0.0204	0.0450	0.0820	0.0947	0.0146
江西	0.0550	0.1179	0.0549	0.0000	0.0401	0.0234	0.1566	0.2222	0.0538	0.0100
山东	0.0185	0.0471	0.0064	0.0098	0.0000	0.0618	0.0159	0.0151	0.0077	0.0026
河南	0.0206	0.0742	0.0092	0.0196	0.2130	0.0000	0.0476	0.0377	0.0137	0.0048
湖北	0.0360	0.1578	0.0210	0.1366	0.0569	0.0495	0.0000	0.2031	0.0302	0.0080
湖南	0.0306	0.0703	0.0315	0.1590	0.0444	0.0322	0.1666	0.0000	0.0965	0.0232
广东	0.0277	0.0389	0.0532	0.0564	0.0330	0.0172	0.0363	0.1413	0.0000	0.0887
广西	0.0122	0.0193	0.0158	0.0202	0.0213	0.0117	0.0185	0.0654	0.1711	0.0000
海南	0.0166	0.0236	0.0246	0.0245	0.0254	0.0127	0.0202	0.0637	0.3097	0.2434
重庆	0.0135	0.0284	0.0115	0.0222	0.0384	0.0294	0.0334	0.0909	0.0414	0.0270
四川	0.0106	0.0211	0.0087	0.0147	0.0337	0.0233	0.0211	0.0492	0.0291	0.0203
贵州	0.0132	0.0244	0.0136	0.0229	0.0294	0.0188	0.0268	0.0936	0.0755	0.0918
云南	0.0142	0.0244	0.0142	0.0196	0.0342	0.0195	0.0224	0.0616	0.0662	0.0855
陕西	0.0156	0.0390	0.0098	0.0191	0.0841	0.0982	0.0372	0.0528	0.0214	0.0097
甘肃	0.0070	0.0142	0.0048	0.0075	0.0341	0.0213	0.0113	0.0193	0.0115	0.0061
青海	0.0080	0.0156	0.0057	0.0083	0.0366	0.0208	0.0120	0.0212	0.0139	0.0076
宁夏	0.0110	0.0228	0.0068	0.0104	0.0710	0.0407	0.0162	0.0243	0.0140	0.0066
新疆	0.0191	0.0312	0.0141	0.0167	0.0734	0.0302	0.0206	0.0370	0.0321	0.0168

续前表　中国 30 省份经济地理空间权重矩阵

	海南	重庆	四川	贵州	云南	陕西	甘肃	青海	宁夏	新疆
北京	0.0011	0.0015	0.0010	0.0005	0.0004	0.0034	0.0012	0.0013	0.0033	0.0004
天津	0.0010	0.0014	0.0008	0.0005	0.0004	0.0029	0.0009	0.0010	0.0026	0.0004
河北	0.0026	0.0044	0.0027	0.0014	0.0010	0.0126	0.0034	0.0034	0.0102	0.0009
山西	0.0043	0.0088	0.0055	0.0026	0.0018	0.0337	0.0077	0.0073	0.0262	0.0016
内蒙古	0.0055	0.0098	0.0068	0.0031	0.0025	0.0268	0.0120	0.0126	0.0517	0.0033
辽宁	0.0049	0.0050	0.0032	0.0020	0.0016	0.0080	0.0032	0.0039	0.0075	0.0019
吉林	0.0049	0.0047	0.0031	0.0019	0.0016	0.0071	0.0031	0.0038	0.0071	0.0022
黑龙江	0.0041	0.0039	0.0026	0.0016	0.0014	0.0057	0.0027	0.0033	0.0059	0.0021
上海	0.0067	0.0052	0.0028	0.0023	0.0015	0.0063	0.0019	0.0021	0.0035	0.0008
江苏	0.0046	0.0048	0.0024	0.0019	0.0012	0.0066	0.0016	0.0018	0.0032	0.0006
浙江	0.0063	0.0047	0.0024	0.0021	0.0013	0.0054	0.0015	0.0017	0.0028	0.0006
安徽	0.0057	0.0064	0.0031	0.0025	0.0015	0.0086	0.0020	0.0021	0.0037	0.0007
福建	0.0348	0.0151	0.0075	0.0081	0.0050	0.0127	0.0039	0.0046	0.0065	0.0018
江西	0.0186	0.0157	0.0068	0.0073	0.0037	0.0133	0.0033	0.0036	0.0053	0.0011
山东	0.0047	0.0066	0.0038	0.0023	0.0016	0.0143	0.0036	0.0039	0.0088	0.0012
河南	0.0081	0.0174	0.0090	0.0050	0.0031	0.0574	0.0078	0.0076	0.0173	0.0017
湖北	0.0134	0.0206	0.0085	0.0074	0.0037	0.0226	0.0043	0.0045	0.0072	0.0012
湖南	0.0347	0.0460	0.0163	0.0213	0.0083	0.0263	0.0060	0.0066	0.0089	0.0018
广东	0.2465	0.0307	0.0141	0.0252	0.0131	0.0156	0.0053	0.0063	0.0075	0.0023
广西	0.3735	0.0386	0.0190	0.0590	0.0326	0.0137	0.0054	0.0066	0.0068	0.0023
海南	0.0000	0.0286	0.0150	0.0286	0.0211	0.0133	0.0053	0.0066	0.0071	0.0027
重庆	0.0307	0.0000	0.2394	0.0871	0.0291	0.0688	0.0198	0.0207	0.0200	0.0035
四川	0.0247	0.3663	0.0000	0.0479	0.0351	0.0621	0.0323	0.0359	0.0253	0.0047
贵州	0.0684	0.1935	0.0696	0.0000	0.0762	0.0288	0.0107	0.0127	0.0120	0.0032
云南	0.0846	0.1088	0.0857	0.1283	0.0000	0.0304	0.0161	0.0212	0.0168	0.0063
陕西	0.0145	0.0698	0.0412	0.0132	0.0082	0.0000	0.0428	0.0322	0.0681	0.0039
甘肃	0.0092	0.0319	0.0341	0.0078	0.0069	0.0681	0.0000	0.4050	0.1364	0.0061
青海	0.0117	0.0339	0.0383	0.0093	0.0093	0.0518	0.4094	0.0000	0.1045	0.0108
宁夏	0.0106	0.0278	0.0230	0.0075	0.0062	0.0934	0.1174	0.0890	0.0000	0.0076
新疆	0.0300	0.0367	0.0322	0.0150	0.0176	0.0402	0.0397	0.0693	0.0575	0.0000

当前主要的研究成果及学术论文

主要代表著作

[1] 蔡婉华,叶阿忠.统一货币政策的区域差异化效应研究——基于GVAR 模型的实证检验[J].云南财经大学学报,2016,(05):94-101.(CSSCI/核心期刊)

[2]蔡婉华,叶阿忠.交通运输、经济增长与碳排放之间的互动关系研究——基于 PVAR 模型[J].交通运输系统工程与信息,2017,17(03):26-31.(EI/CSCD/JST/核心期刊)

Cai Wanhua,Ye Azhong.Interactive Relationship among Transportation,Economic Growth and Carbon Emissions Based on PVAR Model.[J].Jiaotong Yunshu Xitong Gongcheng Yu Xinxi/ Journal of Transportation Systems Engineering & Information Technology,2017,17(03):26-31.(EI/CSCD/JST/核心期刊)

[3]蔡婉华,叶阿忠.对外开放对区域经济增长和产业转型的动态影响——基于 GVAR 模型的实证研究[J].数学的实践与认识,2019,49(03):73-82.(核心期刊)

[4]蔡婉华,叶阿忠.工业大气环境效率、要素流动与经济产出互动关系研究[J].软科学,2019,33(11):47-52.(CSSCI/JST/核心期刊)

主持和参与的主要科研项目

主持项目

[1]2021年度福建省社会科学基金项目:贸易政策不确定性对中国制造业国际竞争力的影响机制及实证分析,国际贸易问题研究,青年项目,编号:FJ2021C040。

[2]2020年福建工程学院科研启动项目:中国工业大气环境效率研究,编号:GY-S20056。

[3]2018年福建省教育厅中青年教师教育科研项目(社科项目):中国工业大气污染排放效率的实证研究,编号:JAS180838。

参与项目

[1]国家自然科学基金项目:半参数向量自回归模型的理论研究及应用,编号:71171057。

[2]国家自然科学基金项目:半参数全局向量自回归模型的理论研究及应用,编号:71571046。